○全民阅读·经典小丛书○

素书

[西汉]黄石公◎著
冯慧娟◎编

吉林出版集团股份有限公司

版权所有　侵权必究

图书在版编目（CIP）数据

素书/（西汉）黄石公著;冯慧娟编.—长春：吉林出版集团股份有限公司，2015.6（2025.5重印）
（全民阅读.经典小丛书）
ISBN 978-7-5534-7758-9

Ⅰ.①素… Ⅱ.①黄… ②冯… Ⅲ.①个人 - 修养 - 中国 - 古代②《素书》- 注释③《素书》- 译文 Ⅳ.①B825

中国版本图书馆 CIP 数据核字 (2015) 第 128338 号

SU SHU

素书

[西汉] 黄石公　著　冯慧娟　编

出版策划：	崔文辉
选题策划：	冯子龙
责任编辑：	孙骏骅
排　　版：	新华智品
出　　版：	吉林出版集团股份有限公司
	（长春市福祉大路5788号，邮政编码：130118）
发　　行：	吉林出版集团译文图书经营有限公司
	（http://shop34896900.taobao.com）
电　　话：	总编办 0431-81629909　　营销部 0431-81629880 / 81629881
印　　刷：	北京一鑫印务有限责任公司
开　　本：	640mm×940mm 1/16
印　　张：	10
字　　数：	130 千字
版　　次：	2015 年 10 月第 1 版
印　　次：	2025 年 5 月第 5 次印刷
书　　号：	ISBN 978-7-5534-7758-9
定　　价：	45.00 元

印装错误请与承印厂联系　电话：010-61424266

前言

张良圯桥受书的故事想必许多历史爱好者都知道：黄石公老先生有意将鞋子扔到桥下，张良毕恭毕敬地为老人捡鞋、穿鞋，此后老人又多次考验张良，张良最终通过了考验，于是黄石公就把自己的一部书传给了张良。书的名字传说叫作《太公兵法》，其实此说法是以讹传讹，这部书的名字应该叫作《素书》。后来的历史事实也告诉我们，张良靠这部《素书》兴刘灭项，成为中国古代谋臣的典型代表。

由此可知，黄石公的《素书》是一部为能人志士而写的书。对于如何加强自身的道德素养，如何掌握道德与谋略的关系，这部书均有提及。书中讲述了诸多天道、人道，其以格言形式表述的大智慧，以之修身，可明志益寿；以之治国，可位极人臣；以之经商，可富埒王侯；以之治兵，可百战不殆。

《素书》原文并不长，只有六章一百三十二句。其词句精简，字字句句都蕴含着异常深广的道理。鉴于此，我们在整理这部古籍时，除采取逐句翻译的方式外，还从读者的角度出发，用"鉴读"的办法，尽量挖掘、剖析出每一句话的内涵。其中较为浅显易懂的地方，就一带而过；某些涉及古代政治哲学思想的部分或生僻费解之处，则进行了较详尽的阐述。有时也适当结合现代观念予以评析,对于其中一些过时的观点、陈腐的说辞,则以当代先进思想观念为准则做出一些分析,以帮助读者延伸对原文的理解,提供给读者更多的思考空间。

目录

素书原序……………… ○○七

原始章第一…………… ○一五

正道章第二…………… ○三三

求人之志章第三…… ○三九

本德宗道章第四…… ○五九

遵义章第五…………… ○七九

安礼章第六…………… 一二三

素书原序

【宋 张商英】

【原文】

黄石公《素书》六篇，按《前汉列传》黄石公圯桥所授子房《素书》，世人多以《三略》为是，盖传之者误也。

晋乱，有盗发子房冢，于玉枕中获此书，凡一千三百三十六言，上有秘戒："不许传于不道、不神、不圣、不贤之人；若非其人，必受其殃；得人不传，亦受其殃。"呜呼！其慎重如此。

黄石公得子房而传之，子房不得其传而葬之。后五百余年而盗获之，自是《素书》始传于人间。然其传者，特黄石公之言耳，而公之意，其可以言尽哉。

余窃尝评之："'天人之道，未尝不相为用，古之圣贤皆尽心焉。尧钦若昊天，舜齐七政，禹叙九畴，傅说陈天道，文王重八卦，周公设天地四时之官，又立三公以燮理阴阳。孔子欲无言，老聃建之以常无有。'《阴符经》曰：'宇宙在乎手，万物生乎身。道至于此，则鬼神变化，皆不逃吾之术，而况于刑名度数之间者欤！'"

黄石公，秦之隐君子也。其书简，其意深；虽尧、舜、禹、文、傅说、周公、孔、老，亦无以出此矣。

然则，黄石公知秦之将亡，汉之将兴，故以此书授子房。而子房者，岂能尽知其书哉！凡子房之所以为子房者，仅能用其一二耳。

书曰："阴计外泄者败。"子房用之，尝劝高帝王韩信矣。书曰："小怨不赦，大怨必生。"子房用之，尝劝高帝侯雍齿矣。书曰："决策于不仁者险。"子房用之，尝劝高帝罢封六国矣。书曰："设变致权，所以解结。"子房用之，尝致四皓而立惠帝矣。书曰："吉莫吉于知足。"子房用之，尝择留自封矣。书曰："绝嗜禁欲，

张良圯桥受书

素书

所以除累。"子房用之，尝弃人间事，从赤松子游矣。

嗟乎！遗粗弃滓，犹足以亡秦、项而帝沛公，况纯而用之，深而造之者乎！

自汉以来，章句文词之学炽，而知道之士极少。如诸葛亮、王猛、房乔、裴度等辈，虽号为一时贤相，至于先王大道，曾未足以知仿佛。此书所以不传于不道、不神、不圣、不贤之人也。

离有离无之谓"道"，非有非无之谓"神"，有而无之之谓"圣"，无而有之之谓"贤"。非此四者，虽口诵此《书》，亦不能身行之矣。

【译文】

秦汉之际的隐士黄石公所著的《素书》包含有六章。据前汉列传记载，黄石公在圯桥上传给张良的《素书》一书，人们大多认为就是《三略》（即《太公兵法》），这大概是由于世人误传的缘故。

西晋时候，天下纷乱，盗墓贼挖掘了张良的坟墓，在墓中的玉枕中获得了这本书。《素书》总共有一千三百三十六个字，书上题有警语说："不可将此书传给不道、不神、不圣、不贤之人，否则必受祸害；如果遇有合适人选却不传给他，也要遭受祸害。"实在令人慨叹啊！可见古人对待这样一本关乎兴亡与命运的《素书》，是多么慎重啊！

当初黄石公有幸遇上张良，经过几番考验，最后才慎重地传给他《素书》；张良找不到合适的人，最后就把书和自己一同埋葬。五百多年过去了，盗墓贼发现了它，从此《素书》才开始在民间流传。然而流传于世的，只是黄石公的言语文字而已，至于其中的深刻含义，又岂是言语可以尽数传达的呢？

我曾私下评价过这本《素书》："'天道和人道，其实一直都是相辅相成的，在这一点上，古代的圣贤之人都领会到了，并且在这上面竭尽心力，花了许多工夫。像帝尧，毕恭毕敬地遵奉上天的旨意；舜建立七种政治制度，顺应的也是上天的旨意；大禹则根据地理的不同将天下划为九个州；傅说向武丁阐述天道，使商朝出现了中兴；文王观测天地，推

张良

演出了八卦；周公根据天地四时的变化，分别设立各类官职，又设立了太师、太傅、太保三公掌管阴阳调和；孔子对于天道，也很难用言语加以阐述；老子也只能用有、无来说明自然规律。'《阴符经》中说道：'对于自然的运行规律全都了然于心，好比宇宙就把握在自己的手里，万物环绕着自身而生。一个人的思想到了这个境界，鬼神的变化都无法逃离

其掌控,更何况刑罚、名实、制度、相卜这些琐碎的小事呢!'"

黄石公是一位生活在秦末的隐士。他的这本《素书》,文辞虽然很简短,书中的道理却很深刻;即使尧、舜、禹、文王、傅说、周公、孔子、老子这些人,也无法超越他。

黄石公预测到秦朝就快走向灭亡,汉朝即将兴起,所以把这本《素书》传给了张良,让他完成灭秦兴汉的使命。张良虽然帮助刘邦建立了汉朝,但他也不可能对这本书达到完全理解的境界。留侯张良之所以能够建功立业,也仅仅是运用了《素书》中十分之一二的道理而已。

当初韩信请求分封为齐王,刘邦对此很不满,但又不能触怒韩信,《素书》上说道"阴计外泄者败",张良正是采用了这个办法,劝刘邦满足韩信的要求,此后韩信才助刘邦攻打项羽,使得刘邦一统天下。后来天下初定,许多功高的大臣因为没得到合适的封赏而准备策划谋反,《素书》上说道"小怨不赦,大怨必生",张良也正是用了这个道理,劝刘邦对平日里和自己有隔阂的雍齿加以封侯,这才稳定了局势,防止了内乱的发生。当初,刘邦受困荥阳,一筹莫展,他的属下郦食其建议他重新分封战国时期六国的后代,借此获得人民的拥护。张良根据《素书》中的"决策于不仁者险"的道理,规劝刘邦收回了即将分封给六国后裔的全部印信,最终避免了灾难的发生。《素书》上说道:"设变致权,所以解结。"张良正是运用了这条原则,才找来了四位老先生,因此保住了太子的位置。《素书》上说道:"吉莫吉于知足。"张良也正是由此才选择自封留侯,明哲保身。《素书》上说道:"绝嗜禁欲,所以除累。"张良用到了这一至理之言,功成身退,淡然出世,远离了人世间的种种尔虞我诈,跟随赤松子长老逍遥地出游去了!为自己的人生画上了一个圆满的句号。

不可思议啊！仅仅是运用了《素书》中的一些皮毛，张良就完成了灭亡秦朝、打败项羽、辅佐刘邦称帝的使命。如果能够将这本书的要义真正地领悟透，并且很好地运用，那又将是怎样的情况呢！

自从汉朝建立以来，诗文曲赋繁荣发展，但是能真正了解天人之道的人却少之又少。即便是像三国时期的诸葛亮、十六国时的王猛、初唐

赤松子

的房玄龄、唐宪宗时的裴度这些人，虽然被人称作是当时的贤相，但他们对于"道"的理解，也丝毫都没有掌握。这就说明了他们这些人还算不上是圣贤之人，这也是《素书》没有传给他们的原因。

"天道"的奥妙，姑且这样阐释："离有离无"可以称作"道"的存在状态；"道"化为真气，成为"非有非无"的物质体，这就是"神"；若能参透"神"，却又不表现于外，就可以称是"圣"；一直能持有这种似乎不存在的物质体，却又时时能将之运用，这就是"贤"。如果不具备"道""神""圣""贤"这四者的素质，即使能背诵《素书》，也不能学习到其中的涵义，更无法身体力行。

原始章第一

【释题】

注曰：道不可以无始。

【鉴读】

本章是全书的第一章，故称"原始章"。道、德、仁、义、礼，这五者是古代思想的核心理论，是古人安身立命的根本，也是古人经世治国的重中之重。"道"的玄机，在于亘古不变的自然规律；"德"的精粹，在于万物和谐，待人和顺；"仁"的精要，在于济世救民，爱护他人；"义"的道理，在于为人处世时的节义；"礼"的内涵，在于万物秩序的建立。这五者，是合而为一的。

夫道、德、仁、义、礼，五者一体也。

【译文】

道、德、仁、义、礼，这五者是一个整体。

【注解】

注曰：离而用之则有五，合而浑之则为一。一所以贯五，五所以衍一。

【鉴读】

道、德、仁、义、礼共同作为修身立己、经世治国的根本，是天道外化出来的五个范畴。

道、德、仁、义、礼这五个方面同属于天道，而天道因时而变，其变化的结果往往会着重作用在这五者中的某一方面。老子说过：在动荡的年代，世风日下导致世人行为处事的轨迹与天道的本然状态愈行愈远，人的本心日渐丧失，不再淳朴自然，取而代之的是虚情假意。因而道德教育就显得尤为重要，而当道德教育也无法起到作用的时候，就需要提倡仁爱；可当人心中仁爱的一面也逐渐被遗忘的时候，就需要社会上出现正义的呼声；倘若连正义也随着泯灭的人性一起丧失的话，那么礼制约束民众的作用就体现出来了。道、德、仁、义、礼，分开来用便是五个方面，合在一起便是一个整体。所以张商英才有"一所以贯五，五所以衍一"的说法。

道者，人之所蹈，使万物不知其所由。

【译文】

所谓道，是人人都在遵循的一种自然规律。人受自然规律的支配，自己却意识不到这一点，世间万物也是如此。

【注解】

注曰：道之衣被万物，广矣！大矣！一动息，一语默，一出处，一饮食。大而八纮之表，小而芒芥之内，何适而非道也。仁不足以名，故仁者见之谓之仁；智不足以尽，故智者见之谓之智；百姓不足以见，故

观器论道

日用而不知也。

【鉴读】

　　万事万物皆有道，我们或许难以"知其所由"，但是无论动或静、高谈阔论或沉默无言、在世间行走或独居家中、举杯小酌或大快朵颐都在道之内。八方极远之地有道，草籽之中有道，没有道的地方是不存在的。我们每天遵循着道生活，但是没人能将其说尽道明，仁者见到"道"便将它称作"仁"，智者见到"道"便将它称作"智"。普通的百姓没有能力感悟到"道"的存在，所以只是遵循着道的规律在生活而已，并不知道其实那就是道。

德者，人之所得，使万物各得其所欲。

【译文】

所谓德，就是人遵循自然规律办事，从而有所收获。德影响万物，使万物各取所需、各得其所。

【注解】

注曰：有求之谓欲。欲而不得，非德之至也。求于规矩者得方圆而已矣；求于权衡者得轻重而已矣；求于德者无所欲而不得。君臣、父子

放鲲知德

得之，以为君臣父子，昆虫、草木得之以为昆虫草木。大得以成大，小得以成小。迩之一身，远之万物，无所欲而不得也。

【鉴读】

人们遵循道的规律去追求想要的东西，成功求得，便可以称为得到德。人们有欲望就是有所求，想要却没有成功得到，就是没有得到德。这种情况之所以会出现，是因为没有遵循道的规律去追求。遵循圆规和曲尺的规律求东西，只能得到方和圆；遵循天平的规律求东西，只能得到轻和重；遵循德的规律求东西，那么没有什么是得不到的。君臣、父子依照德行事，才能称为君臣、父子；昆虫、草木依照德行事，才能称为昆虫、草木。大之所以可以称为大，小之所以可以称为小，就是因为它们有德，也就是遵循道的规律。只要遵循道的规律去追求，那么近到自身，远到万物，都是可以求得的。

仁者，人之所亲。有慈惠恻隐之心，以遂其生成。

【译文】

所谓仁，就是指相亲相爱的人际关系。人所具有的仁慈、聪慧和同情之心，促进了良好的人际关系的形成。

【注解】

注曰：仁之为体如天，天无不覆；如海，海无不容；如雨露，雨

子羔仁恕

露无不润。慈惠恻隐所以用仁者也。非亲于天下而天下自亲之,无一夫不获其所,无一物不获其生。《书》曰:"鸟兽鱼鳖咸若。"《诗》曰:"敦彼行苇,牛羊勿践履。"其仁之至也。

【鉴读】

众所周知,儒家的核心思想就是仁。"仁"强调的是人与人之间相亲相爱的和谐关系。我们从"仁"字的造字结构也能揣测到古人赋予这个字的特殊内涵,即二人为"仁"。天道存在于万事万物之间,而只有人有能力将之发挥好。人们如果坚持仁道，互相亲近关爱，饱含慈爱、聪慧和同情之心，心存仁爱，胸怀苍生，就能使人和人之间产生亲密的感情，就能使天道更好地弘扬。

仁无所不包，无处不在，就如春雨一般滋养万物，泽被万民。也正因为这样，真正具有仁爱之心的人，即使他并没有怎么在众人面前表现，人们也愿意主动亲近他、拥戴他。《尚书》中说：大禹以德治国，其间连虫鱼鸟兽都能自由自在地生活。同样，《诗经·行苇》一诗用芦苇相依相伴地生长来比喻家人之间的相亲相爱。这些都是充满仁爱之心的表现。

义者，人之所宜。赏善罚恶，以立功立事。

【译文】

所谓义，是指人应当遵循的义理和原则。因为有此原则，才有了赏赐善者和惩治恶者的区别，功德、事业才能建立。

【注解】

注曰：理之所在谓之义，顺理而决断，所以行义。赏善罚恶，义之理也；立功立事，义之断也。

【鉴读】

"义者，人之所宜。"这里的"宜"就是适宜的意思——即要求人

义能服寇

们的言行应符合相应的规矩，不可超出公正、义理所规定的范围。义是理的体现，遵循理的规律和要求来行事，就称为行义。义体现在赏善罚恶上，统治者是按理办事还是恣意妄为，可以从赏罚是否分明、奖励和受罚的程度是否合宜这方面来进行判断。有了义，社会便公允公正、不偏不倚，这样民众就会发挥其聪明才智、彼此争相建功立业。所以立功立事是以义为导向的。

礼者，人之所履。夙兴夜寐，以成人伦之序。

【译文】

礼法，是要求人们必须遵照履行的。在每日的生活行为当中，要有长幼尊卑之别，要遵守人伦秩序。

【注解】

注曰：礼，履也。朝夕之所履践而不失其序者，皆礼也。言动视听造次必于是，放僻邪侈从何而生乎！

【鉴读】

在生活中，指导我们一言一行的秩序准则就是礼，"礼"即礼制。我们每时每刻都在实践着礼，人与人之间的秩序，如高下、长幼、尊卑等都是礼。礼规范着人们的言行，维持着社会的秩序，大到国家的政治法令，小到个人的衣食住行，都离不开礼。在礼制的指导下，人们孝

俎豆礼容

敬父母、尊敬师长、尊老爱幼、兄友弟恭、邻里和睦、忠诚信义、彼此谦让，使得社会安定和谐，生活融洽有序。一旦礼制被破坏，社会秩序便会混乱，人的自私、贪婪、暴力等恶劣品性就会得到滋长，人们会变得无情无义，到时还何来幸福美好的人生呢？人不是独立存活在世界上的个体，而是社会的一部分，社会的和谐美好，需要我们每个人都付出努力。如果我们能严格要求自己，言谈举止都能够守礼，那么放肆、怪僻、邪恶、浮夸等坏毛病又能从哪里产生呢？

夫欲为人之本，不可无一焉。

老子

【译文】

道、德、仁、义、礼这五者是相互统一的，人如果想获得安身立命的根本，缺少这五者中的任何一者都不行。

【注解】

注曰：老子曰："失道而后德，失德而后仁，失仁而后义，失义而后礼。"失者散也。道散而为德，德散而为仁，仁散而为义，义散而为礼。五者未尝不相为用，而要其不散者，道妙而已。老子言其体，故曰："礼者忠信之薄，而乱之首。"黄石公言其用，故曰："不可无一焉。"

【鉴读】

人活于世，必须要清楚自己如何才能在社会中安身立命。黄石公说，道、德、仁、义、礼是人安身立命的根本，缺一不可。老子说，丧失了道便会重视德，丧失了德便会重视仁，丧失了仁便会重视义，而道、德、仁、义都丧失了，就要用礼教和法规来统治社会，他将道、德、仁、义、礼理解为因时顺势地利用天道的功用。黄石公强调的是天

君子论道

道的功用,老子强调的是天道的本体。实际上,此五者虽然有不同的着重点,但都代表了天道,因而"不可无一"。

贤人君子明于盛衰之道,通乎成败之数,审乎治乱之势,达乎去就之理。

【译文】

学识渊博、道德高尚的贤人君子,能明察兴盛和衰亡的规律,知晓成功和失败的定数，了解天下太平和动乱的形势，明白出仕和隐退的道理。

【注解】

注曰：盛衰有道，成败有数，治乱有势，去就有理。

【鉴读】

此处谈的是君子对"天道"的认识。君子自身具备高尚的品德、杰出的才能，因此能够审时度势、预测成败。君子掌握了事物发展的客观规律，因此能够洞悉天下纷乱的局势，在合适的时机做出适宜的决定。

故潜居抱道，以待其时。

【译文】

因此，君子在形势不好的时候，应该潜居隐退，安静地等待时机的到来。

【注解】

注曰：道，犹舟也；时，犹水也。有舟楫之利而无江河以行之，亦莫见其利涉也。

【鉴读】

这一段谈的是见机而行的重要性。在实际生活中，想要获取成功，个人的才能固然十分重要，但这只是一方面，更重要的是要懂得审时度势。成功在很多时候都要依靠时机的配合。自恃其能、不顾形势、鲁莽而为的做法往往会导致失败，如此，纵有一身才能，也只能充当叹息的资本。其实，在天下大乱的时候，不妨韬光养晦，静观其变，以待好时机的到来。

若时至而行，则能极人臣之位；得机而动，则能成绝代之功。如其不遇，没身而已。

【译文】

倘若时机出现，则应立即采取行动，乘势而行，如此便可以位极人臣，达成盖世功勋。倘若始终都没碰上机遇，也无非是安守其身而已。

【注解】

注曰：养之有素，及时而动，机不容发，岂容拟议者哉！

【鉴读】

"金麟岂是池中物，一遇风云便化龙。"时机未到时，我们可以韬光养晦，提高自身的能力。但是时机一旦成熟，我们就必须奋然起行，当仁不让地站出来。机会转瞬即逝，容不得片刻的犹豫和耽搁。乘势而行，能力便能更好地发挥，此时建功立业，无所不成。但这样的机会若是没有出现，那么就安守其身吧。

三顾茅庐

君子泰而不骄

是以其道足高,而名重于后代。

【译文】

因此,无论时运如何,由于贤人君子自身对天道有着深刻的理解,因而能够建功立业,扬名后世。

【注解】

注曰：道高则名垂于后而重矣。

【鉴读】

　　人生短暂，若想在这短暂的一生中取得成功，很大程度上取决于机会和运势是否能够到来。纵观上下五千年，不乏德才兼备却又终身怀才不遇之士。即便是孔子，在厄于陈、蔡时，也曾发出过"吾道非邪？吾为何如此？"的慨叹。但是，只要一个人德行高尚，坚守天道，那么无论他时运如何、是否能成就一番事业，都终将名垂于后世。

微信扫码
☑ 拓展视频　　☑ 图文资讯
☑ 趣味测评　　☑ 阅读分享

正道章第二

【释题】

注曰：道不可以非正。

【鉴读】

本章名为"正道"，是相对于歪门邪道、旁门左道而言的。为人处世顺应自然规律、合乎道德伦理的规范，这就是遵循正道。君子应有凌云之志，胸怀天下，将仁、义、礼、智、信时刻都铭记于心，穷则独善其身，达则兼济天下。此为君子正道。

德足以怀远；信足以一异；义足以得众；才足以鉴古；明足以照下。此人之俊也。

【译文】

道德高尚，足以安抚远方，令人心悦诚服；诚实有信，足以使不同人的观点趋于统一；行为处事合乎义理，足以赢取众人的拥护；才学渊博足以借鉴过去；明达足以预见未来。这样的人就是人中之俊杰。

【注解】

注曰：怀者，中心悦而诚服之谓也。有行有为，而众人宜之，则得乎众人矣。

【鉴读】

人中的才俊要有崇高的品德和良好的信誉，做事公平公正，善于

忠信济水

总结经验教训，为人明白通达。一个人若是具有崇高的品德，那么远方的人便会心悦诚服地前来归附于他。若是没有崇高的品德，而只依靠着武力去征服别人，那么只能获得别人短暂的臣服。被武力征服的人，一旦拥有足够的能力和合适的时机，便会起来反抗。而用品德征服别人的人，则不会有这种危险。由此可见，道德的力量是多么强大，它就像是春风细雨，无声无息地将万物润泽。一个人若是讲信誉，别人就会相信他，那么他就可以获得别人的信任与支持。这种人说的话，没有人会怀疑，那么他就可以将各种意见统一，从而将人心凝聚在一起。一个人若是公平公正，凡事以理服人，就会得到别人的拥戴。这样的人只要振臂一呼，就会有万人来响应他。一个人若是拥有足够高的才学，能够从过去的事情中总结出经验教训或是成功的方法，并以此来指导自己的社会实践，那么他就很容易取得成功。一个人若是明白通达，对事情有着清醒透彻的理解，便能够对事情的发展趋向做出合理的推断，从而做出英明的决定。

行足以为仪表，智足以决嫌疑，信可以使守约，廉可以使分财。此人之豪也。

【译文】

行为端正，可以作为表率；足智多谋，可以解除疑惑；言而有信，可以守约而无悔；廉洁公正，且可以仗义疏财的人。这样的人，可以称他为人中豪杰。

【注解】

注曰：嫌疑之际，非智不决。

【鉴读】

人中豪杰，拥有可以为人表率的端正行为、决断是非的英明智慧、遵守约定的良好信用以及不看重金钱的廉洁品性。端正的行为使他被尊为典范，为世人所效仿。英明的智慧帮助他在恩怨是非的纠缠中保持清醒的头脑。一诺千金的良好信用，使他获得众人的信任与尊敬。重义轻财的品性，让他可以和其他人有福同享、有难同当，从而培养出深厚真挚的情谊。

守职而不废，处义而不回，见嫌而不苟免，见利而不苟得。此人之杰也。

【译文】

　　能够尽忠职守，无所废弛；在利害关头，能够坚守正义，决不回头；即便是处理某些容易遭受嫌疑的事情，也不会轻易逃避；见到利益，不会随意谋取。这种人可以称为人中之杰。

【注解】

　　注曰：孔子为委吏乘田之职是也。迫于利害之际而确然守义者，此不回也。周公不嫌于居摄，召公则有所嫌也。孔子不嫌于见南子，子路则有所嫌也。居嫌而不苟免，其惟至明乎！俊者峻于人，豪者高于人，杰者桀于人。有德、有信、有义，有

君子之道

为国死忠

才、有明者,俊之事也。有行、有智、有信、有廉者,豪之事也。至于杰,则才行足以明之矣。然杰胜于豪,豪胜于俊也。

【鉴读】

人中的俊杰要能尽职尽责,无所废弛;要能坚守正义,不被利益所迷惑;要能在被人误解猜忌的时候,依然恪尽职守;要能在利益面前,始终保持清醒,不取不义之财。

此处谈论的是人应该具备何种品质方可成为人中之杰。从此段文字中可以看出,人中之杰,对待工作能尽职尽责,无所废弛;能坚守正义,刚正不屈;能在被人误解猜忌的时候,依然恪尽职守;能在利益面前,始终保持清醒,不取不义之财。一言以蔽之,只要德行足够,通晓事理,就能成为强于俊杰、豪杰的人中之杰了。

求人之志章第三

【释题】

注曰：志不可以妄求。

【鉴读】

此章言人之志。人若失去志向和理想，则和圈养的动物没有区别，将一生受困在尘世的牢笼之中。贤人必先有志向才会去奋斗，最终才有可能实现抱负。三军可以夺帅，匹夫不可夺志。理想，就是指引人们前进的明灯。不论危难之刻还是得意之时，理想都是每个人心中的舵手。

绝嗜禁欲，所以除累。

【译文】

克制自身的欲望，杜绝内心的贪念，凭此可以减除人生的压力，也能使自己不被外物所拖累。

【注解】

注曰：人性清静，本无系累，嗜欲所牵，舍己逐物。

【鉴读】

人生而有欲。有求生之欲，有争斗之欲，有贪欲、色欲、权欲等等。欲固无善恶，当欲念的宿主——人，过度放纵欲望的时候，就会给自身带来巨大的压力，并衍化出无尽的痛楚和苦难，轻则伤身败德，重

君子绝嗜禁欲

则祸国殃民。因而,人必须善于控制自身的欲望,克制贪念。没有想要得到某物的贪念,那么随贪念而来的压力就更不可能有。孔子云:"君子食无求饱,居无求安,敏于事而慎于言,就有道而正焉。"人应把自己的精力都放在正道上,不断提升自我,这样的人生才不会被世俗所累,才真正有价值。

抑非损恶,所以禳过。

【译文】

抑制非分之想,排除邪恶念头,便不必向鬼神祭祀祷告来消除自身的过失。

【注解】

注曰：禳，犹祈禳而去之也。非，至于无抑，恶，至于无损，可以无禳矣。

【鉴读】

人可能时时刻刻都在与自我进行着思想斗争。世俗的诱惑、内心的贪婪、人性的自私，这些都可以侵蚀人的灵魂，使人堕入深渊。一个人最强大的对手往往不是别人，而是自己。只有战胜自己，才能抵御一切诱惑，消除自身的过失。那么怎样战胜自己消除过失呢？不是向鬼神祈祷，而是要学习古时的贤人，像曾子那般"吾日三省吾身"，对自己疲惫的心灵进行洗涤，抑制非分之想，消除邪念，树立正气。

贬酒阙色，所以无污。

【译文】

不贪恋酒色，这是洁身自爱的基础。

【注解】

注曰：色败精，精耗则害神。酒败神，神伤则害精。

甘酒嗜音图

素书

【鉴读】

　　酒色乱性，古往今来不知有多少英雄豪杰在美人名酒前摧眉折腰，而后又不知发出多少悔恨的叹息。因而《金瓶梅词话》开篇才有如下诗二首：

酒

酒损精神破丧家，语言无状闹喧哗；
疏亲慢友多由你，背义忘恩尽是他。
切须戒，饮流霞，若能依此实无差，
失却万事皆因此，今后逢宾只待茶。

色

休爱绿鬓美朱颜，少贪红粉翠花钿。
损身害命多娇态，倾国倾城色更鲜。
莫恋此，养丹田，人能寡欲寿长年。
从今罢却闲风月，纸帐梅花独自眠。

　　可见，酒色不仅伤身、伤神，更加伤志，君子应洁身自爱，凡事都要有节制。

避嫌远疑，所以不误。

【译文】

　　人应避免遭人猜疑，同时在受到怀疑时应尽量远离，这样才不会被奸人之言所迷惑。

【注解】

注曰：于迹无嫌，于心无疑，事乃不悮尔。

【鉴读】

俗语说："李下不整冠，瓜田不纳履。"瓜田李下，难免被人怀疑有不正当的行径。所以，人们在行为处事中应注意远离是非，以免招致灾祸。跟随刘邦征战天下，为其打下大片江山的韩信，在刘邦称帝后因为未能主动抽身而退，使自己避免谋反的嫌疑，最终身死人手。一代名将，却落得如此下场，岂不悲哉？

博学切问，所以广知。

【译文】

广泛地学习，积极地请教，凭此可以拓展自己的知识。

【注解】

注曰：有圣贤之质而不广之以学问，弗勉，故也。

【鉴读】

孔子云："敏而好学，不耻下问。"博学勤问是提升一个人综合素

不耻下问

质的基本方法，也是个人被集体认可的基本方法。在竞争如此激烈的现代社会，如何令自己出类拔萃，被用人者发现，这看似是一门高深的学问，但道理其实很简单，就是自己必须具备某种素质。而这种素质，不会与生俱来，必须通过后天的广学多闻，才能培养出来。后天的学习在个人成长、成才的过程中起着至关重要的作用。

高行微言，所以修身。

【译文】

行为高尚，言谈委婉，凭此提升自我的品德修养。

【注解】

注曰：行欲高而不屈，言欲微而不彰。

【鉴读】

言行在体现个人素质上占有重要的位置。古人对言行也特别重视，孔子说过君子"讷于言而敏于行"，又说君子"敏于事而慎于言"，都是有关言行的论述。可见慎言敏行在个人修为上的重要性。

本句还有另外一个版本，作"高言危行，所以修身"。即说，言谈高尚，行为端正，可以此修身。

恭俭谦约，所以自守。

【译文】

恭敬俭朴、谦逊节约，这有助于安守自身，免遭祸患。

【注解】

无

【鉴读】

勤俭节约、恭敬谦逊是修身齐家、为人处世的高贵品质。古人有诗云："我有一言君记取，天地人神都喜谦。"一个人若是飞扬跋扈、自高自傲便会招人不满；若是骄奢淫逸、到处炫耀便会惹人嫉恨。这两种情况都会招致横祸。所以，只有勤俭节约、恭敬谦逊地做人才能使我们进退自如，明哲保身。

深计远虑，所以不穷。

【译文】

计划周密、考虑长远，才能持久发展，不会穷于应付。

【注解】

注曰：管仲之计可谓能，九合诸侯矣而穷于王道；商鞅之计可谓能，强国矣而穷于仁义；弘羊之计可谓能，聚财矣而穷于养民。凡有穷者，俱非计也。

【鉴读】

　　计谋是周密的计划和长远的考虑,有计谋的人,能够免于应付突发的事件,越过潜在的危险,成就长远的发展。管仲辅佐齐桓公九合诸侯,使齐桓公成为春秋时期第一个霸主,他的计谋不能说不强,但是因为道德的根基不够深广,所以没有办法帮助齐桓公实现王道。商鞅主持变法,奠定了秦国强国的基础,他的计谋不能说不强,但是他丧失仁义,最后惨遭车裂而死。桑弘羊为汉武帝聚集财富,他的计谋不能说不强,但是他却令百姓难以安生,导致人口减少。由此我们可以看出,凡是计划得不够周密的,考虑得不够长远的,都不能算作真正的计谋。

亲仁友直,所以扶颠。

【译文】

　　亲近仁义之士,结交正直的朋友,这样可以在危急关头获得帮助。

【注解】

　　注曰:闻誉而喜者,不可以友直。

【鉴读】

　　选择朋友是人际关系中的重要课题,朋友对个人前程乃至命运都有着很重要的影响。交朋友,要交正直仁义的朋友,患难时相互扶持、发达时一同分享的朋友是正直仁义的朋友,是真朋友。真正的友情会使人

兄友弟恭

受益一生。

近恕笃行,所以接人。

【译文】

待人宽厚,行为笃实,才能够结交到有才德的人。

【注解】

注曰:极高明而道中庸,圣贤之所以接人也。高明者贤圣之所独;中庸者众人之所同也。

【鉴读】

宽容的心态是一种修养,忠厚的行为是一种美德。因此,宽容和忠厚又可以作为做人的一种智慧。实际经验告诉我们,宽厚待人者往往容易得到众人的理解和支持。以宽容之心待人,以敦厚品行做事,才是高明的处世之道。

任材使能,所以济务。

【译文】

任用有才能的人,使人人都能发挥自己的才干,这是成就大事的要领。

【注解】

注曰:应变之谓材,可用之谓能。材者任之而不可使,能者使之而不可任。此用人之术也。

【鉴读】

在用人办事的时候,人才任用的正确与否往往决定了事情的进展情况。如何能正确任用有才能的人?这就需要对"才"和"能"二字细加揣摩了。才,即才华,对于有才华的人,适合授予其出谋划策的职位;能,即能力,对于有能力的人,适合让他处理日常差事。了解了用人之道,并将其付诸实践,就能使人人各尽其能、各显其才,从而收到事半功倍之效。

瘅恶斥谗,所以止乱。

【译文】

憎恨恶行,痛斥谗言,可以防止动乱、灾祸的发生。

【注解】

注曰:谗言恶行,乱之根也。

【鉴读】

提倡良好的道德准则,有利于和谐稳定的社会秩序的建立,防止

任材使能

动乱的发生。伟大诗人屈原因"疾王听之不聪也，谗谄之蔽明也，邪曲之害公也，方正之不容也"而被害，楚怀王更因听信小人的谗言，使楚国一步步走向毁灭。究其原因，无非是统治者没有坚定摒除恶行恶言的立场，致使社会风气不正。统治者如不对恶行恶言等不正风气进行彻底治理，各种恶劣行径就会持续滋生，社会动乱也会随之发生。

推古验今，所以不惑。

【译文】

以古代经验验证当今之事，这样就可以不受迷惑。

【注解】

注曰：因古人之迹，推古人之心，以验方今之事，岂有惑哉！

【鉴读】

"以史为鉴，可以知兴替"，历史的经验和教训告诉了我们社会发展的一般规律。社会的兴盛或衰败，总能在历史中找到答案。社会瞬息万变，唯一不变的是客观规律，它是一笔宝贵的财富，为当今的事提供经验和教训，指引我们朝着正确的方向前进而不受到迷惑。

先揆后度，所以应卒。

【译文】

谨慎揣度，再三思考，这样可以应对突然的变化。

【注解】

注曰：执一尺之度，而天下之长短尽在是矣。仓卒事物之来，而应之无穷者，揆度有数也。

【鉴读】

在说到如何应变的问题上，最好的办法莫过于事先预备。但是面对突如其来的变故，因为缺少推测和预防，人们往往只能被事情牵着鼻子走，找不到解决问题的办法。为了掌握主动权，降低事变发生后的盲目性应对，我们必须时刻保持对事物的清楚认识，揆情度理，明察秋毫，三思而后行，这样才有可能以不变应万变，使自己立于不败之地。

设变致权，所以解结。

【译文】

灵活应变、两相权宜，凭此可以消除结怨。

【注解】

注曰：有正有变，有权有经，方其正有所不能行，则变而归之于正也。方其经有所不能用，则权而归之于经也。

先揆后度，未雨绸缪

【鉴读】

　　随机应变、灵活变通在现实生活中是智慧的体现。变通的重点不是绝对的强强比拼，而是强调智慧的运用。在矛盾面前，采取巧妙的方式去应对，往往可以起到峰回路转的效果。这就是权变之术的高明之处。运用权变之术化解争执时，它能以最省力、最能使得众人愉快的方式解决最棘手的难题。

括囊顺会，所以无咎。

【译文】

　　谨口慎言，顺应时机变化，便可以远离怨恨、免遭灾祸。

【注解】

　　注曰：君子语默以时，出处以道，括囊而不见其美，顺会而不发其机，所以无咎。

【鉴读】

　　括囊，意即扎紧口袋，比喻缄口不言，沉默是金。过分的浮夸难免招来他人的嫉恨，同时又使得行为不正者有机可乘。在特定的场合下，当问题涉及多方面的利益时，最好保留自己对问题的态度，不露声色，稳住阵脚，这样才有益于维护自己的既得利益。此外，静观事态的发展变化，顺应形势，既可以免遭祸患，又能争取更大的回旋空间。由此可见,"括囊"可使人远离怨恨、免遭灾祸,堪称处事之良策。

橛橛梗梗,所以立功。孜孜淑淑,所以保终。

【译文】

刚直的品性与众人的支持,可以抵御谗臣的陷害与昏君的阻挠,这是立功建业之道;勤劳奋勉,忠于职守,这是安守善终之道。

【注解】

注曰:橛橛者,有所恃而不可摇。梗梗者,有所立而不可挠。孜孜者,勤之又勤。淑淑者,善之又善。立功莫如有守,保终莫如无过也。

【鉴读】

一个人要成就一番事业是很困难的,除了有刚直的品性,能够矢志不渝,还要获得众人的支持,这样才能克服一切艰难险阻,到达成功的彼岸。创业虽不易,但是守成更难。只有做到勤劳奋勉,坚守正道,才能安守善终,保住自己的胜利果实。

括囊顺会

本德宗道章第四

【释题】

注曰：本宗不可以离道德。

【鉴读】

此章章名之意是说德是君子立人的根本，道是圣人崇尚的本原。务本、修德、守道、明宗，这些都是"道"的真谛。人通过对万物本质和社会自然规律的认识，可以趋利避害，逢凶化吉，在漫漫的人生旅途中不断提升自己的境界。

夫志心笃行之术：

【译文】

遵照内心的旨意来行事的方法是：

【注解】

无

【鉴读】

楚辞《卜居》中描述了屈原向太卜郑詹尹询问如何处世的事情。太卜郑詹尹对此回答说："夫尺有所短，寸有所长，物有所不足，智有所不明，数有所不逮，神有所不通。用君之心，行君之意，龟策诚不能知事。"但做自己想做的事并不是一件容易的事情，很多时候我们都得屈从于现实的压力，而不能遵循自己内心最真实的意愿去行事。为此我们需要寻找一种可以让我们遵循内心旨意做事的方法。

长莫长于博谋。

【译文】

没有比深思多谋更好的方法了。

【注解】

注曰：谋之欲博。

【鉴读】

谋，是古代纵横家最重视的强国方式。在应对事情的时候，只有从各个角度全面考量，深思熟虑，才能够把握住事件的全貌，进而制定出万全的谋略。如果能够多动用谋略、机巧来应对困难，那么往往可以取得巨大成功。当然，更多的时候，谋略须建立在道德的根基之上，否则事业也将难以持久。

安莫安于忍辱。

【译文】

人生最安全的处世方式莫过于忍住一时的屈辱。

卧薪尝胆

【注解】

注曰：至道旷夷，何辱之有。

【鉴读】

孔子说过，小不忍则乱大谋。勾践卧薪尝胆，向后人证明了忍辱负重未尝不是应付对手的绝佳办法。俗话说，退一步海阔天空。人在遭受欺辱的时候无不义愤填膺，恨不得立刻向对方大肆宣泄心中的怒火。但如果此时能忍一时之屈辱，想想事情的后果，克制住自己，对格局的扭转往往会有不可思议的影响。试想出身贫寒的韩信如果当时不能忍受胯下之辱，非要逞一己之能、将自己置于危险之境的话，史书上面可能永远也不会有他的名字。

先莫先于修德。

【译文】

人生首先需要修行的是个人的品德。

【注解】

注曰：外以成物，内以成己，修德也。

【鉴读】

人一生中有许多东西需要不断修习，如古人要学习"六艺"（礼、

修乐

乐、射、御、书、数），但是学也有轻重缓急。人首先需要修行的应是自身的品德。一个人的道德素养关系到他今后的成长、成才，关系到周围人对他的判定，关系到他事业的成功与否，关系到众人对他的信服程度。故言"先莫先于修德"。

乐莫乐于好善。

【译文】

人生最快乐的事情莫过于崇尚善行。

【注解】

无

【鉴读】

把行善当作一件快乐的事去做，自然能多福。人在帮助他人的时候，自己也能感觉到快乐。所谓感同身受，行善也可以影响到一个人的心理，使人时时刻刻都能保持一种安宁坦然的心境。这种安宁带来的快乐专属于行善者——没有亲身体会过的人是无法明白的。"善"还有更广的含义。伍子胥就是将"善"作为治国的法宝，不仅为自己赢得了良好的声誉，更造福了百姓。可见行善对行善者而言，只是一己之事，但善行的作用却能影响到许许多多的人。做善事，既可以帮助众人，又能愉悦自己，人生还有什么比这更快乐的呢？

育人行善

神莫神于至诚。

【译文】

世上最神通的莫过于用至真至诚的道德修养来使人信服。

【注解】

注曰：无所不通之谓神。人之神与天地参而不能神于天地者，以其不至诚也。

【鉴读】

《易经》云"诚能通天"。忠诚于天地、君主、父母、朋友，保持恭敬、忠心、孝顺、谦让的心态，是一种难得的境界。拥有一颗至真至诚的心，做人少一份猜疑，多一份信任，不必刻意强求，贤士名人也会主动投靠于你。所以说君子毕生应修的就是"诚"这种神通的境界。

明莫明于体物。

【译文】

世上最明达的莫过于能够体察万物。

【注解】

注曰：记云："清明在躬，志气如神。"如是，则万物之来，其能逃吾之照乎!

【鉴读】

将人世间的事物洞察清楚是一种学问,若是想要体察周围的人、事、物,便要跳出已有的固定思维模式,站在他人的立场上来看待一切人、事、物,这样一来世上便没有什么事情是看不清楚的。将事物洞察清楚,便能通晓世间真理,这样又怎么能不成为一个明达的人呢?

吉莫吉于知足。

【译文】

人生最吉利的莫过于知足了。

【注解】

注曰:知足之吉,吉之又吉。

【鉴读】

知足者不贪求不属于自己的东西,因此不会与人发生冲突,这样便不会有灾祸发生。所以说,知足是一件会给人带来吉利的事情。知足的人,只要"一箪食,一瓢饮"就可以很开心,这样的心态实在是再吉利不过了。

君则敬，臣则忠

苦莫苦于多愿。

【译文】

人生最大的苦恼莫过于渴求太多。

【注解】

注曰：圣人之道，泊然无欲。其于物也来则应之，去则已之，未尝有愿也。古之多愿者，莫如秦皇、汉武，国则愿富，兵则愿强，功则愿高，名则愿贵，宫室则愿华丽，姬嫔则愿美艳，四夷则愿服，神仙则愿致。然而，国愈贫，兵愈弱，功愈卑，名愈钝，卒至于所求不获，而遗狼狈者，多愿之所苦也。夫治国者，固不可多愿。至于贤人养身之方，所守其可以不约乎？

【鉴读】

做人不能没有欲望，欲望是推动人们前进向上的力量。然而，人的欲望也是导致痛苦的根源，渴求越多，越容易使苦恼缠身，难以摆脱。所以，人必须正确把握好内心的欲望，不可太多，也不能不实际。历史上的秦皇汉武，都是好大喜功的"多愿者"，他们一生戎马倥偬，好夺民时，既想富国，又想强兵，渴望建功，求取名利……其一生莫不为此苦恼，然而结局是怎样的呢？秦二世而亡，为项羽等人所灭；汉武帝晚年悔恨不已，不得不颁发"罪己诏"。这就是物极必反的结果啊！

人心不足蛇吞象。佛家认为财物、名利都是身外之物，不值得为此大

知足常乐

喜大悲，所谓："一具臭骨头，何为立功课？"因此，君子之道，应不以物喜，不以己悲，清风傲骨，无欲则刚，这样，自然会远离一切苦恼。

悲莫悲于精散。

【译文】

人生最大的悲哀莫过于精气耗尽消散。

【注解】

注曰：道之所生之谓一，纯一之谓精，精之所发之谓神。其潜于无也，则无生无死，无先无后，无阴无阳，无动无静。其含于神也，则为明为哲，为知为识。血气之品，无不禀受。正用之则聚而不散，邪用之则散而不聚。目淫于色，则精散于色矣。耳淫于声，则精散于声矣。口淫于味，则精散于味矣。鼻淫于臭，则精散于臭矣。散之不已，岂能久乎！

修身之道

【鉴读】

"精散"，可以简单理解为"精气耗散、精神涣散"。老子曾经说过：

"五色令人目盲，五音令人耳聋，五味令人口爽，驰骋畋猎，令人心发狂。难得之货，令人行妨。"由此可见肆意妄为，无节制地享乐，会损伤精气，毁人一生，故言"悲莫悲于精散"。

病莫病于无常。

【译文】

世上最严重的祸患莫过于处事毫无章法，变化无常。

【注解】

注曰：天地所以能长久者，以其有常也。人而无常，不其病乎！

【鉴读】

无常，即没有规律性，不可掌控。自然界是有客观规律的，如荀子所言："天道有常，不为尧存，不为桀亡。"这种规律不会因为人为的因素而改变。万物有成败之理，人生有兴衰之数。天地运行，自有规律，人作为天地间的一分子，就要顺应自然的规律、顺应天命的变化。人若能掌握客观规律，并将其作为行动的向导，处事有条有理，自然可以事事顺利；若违背客观规律，行为毫无章法，就等同于自我摧残，这便是他面临的最大的祸患。

短莫短于苟得。

【译文】

人生中最短暂易逝的莫过于以不义的方法轻易获取的东西。

【注解】

注曰：以不义得之，必以不义失之，未有苟得而能长也。

【鉴读】

以不顾道义的方法得到的东西，就像天上的浮云一般，很快就会消散不见。人的一生都在求取，但是只有凭借自己的能力，依靠正当的手段获得的东西才能真正持久。通过旁门左道得来的一切都只不过是黄粱美梦，稍纵即逝。

幽莫幽于贪鄙。

【译文】

人生最昏暗的事莫过于贪婪卑鄙。

【注解】

注曰：以身徇物，暗莫甚焉。

君子喻于义

【鉴读】

　　自私贪婪无时无刻不在吞噬着人的心灵，将人引向神智昏聩的痛苦深渊；卑鄙的行径对自己和他人都会造成巨大的伤害。所谓"幽"，意味着人性的贪婪足以使人内心黑暗。为了满足自己的贪念，人们可以做出伤天害理、泯灭人性的卑鄙恶行。人要活得光明磊落，戒贪尚德将是重要的一课。

孤莫孤于自恃。

【译文】

　　人生最大的孤立莫过于自负。

【注解】

　　注曰：桀纣自恃其才，智伯自恃其强，项羽自恃其勇，高莽自恃其智，元载、卢杞自恃其狡。自恃则气骄于外而善不入耳，不闻善，则孤而无助，及其败，天下争从而亡之。

【鉴读】

　　世上高傲自负的人有两种。一种是恃才傲物的人，他们满腹墨水，确实有才，然而却目中无人，认为自己天下无双。这种看不起别人的人，没有人愿意帮助他们。另一种是自不量力的人，他们平庸无奇，却喜欢以傲慢的态度在心理上压低别人，抬高自己。这类人往往会自食恶果，用不着别人来揭穿，他们自己就能现出原形，自取其丑。这两种人别人都不屑与他们做朋友，自然也不愿意帮助他们。试想，人生在世，必然要面对各种艰难与困苦，此时此刻若是没有人对我们施以援手，该有多么悲哀。自负的人被自负所累，缺少朋友，注定要孤立独行于世。

危莫危于任疑。

【译文】

人生中最危险的事情莫过于任用可疑的人。

用人不疑，疑人不用

【注解】

注曰：汉疑韩信而任之，而信几叛；唐疑李怀光而任之，而怀光遂逆。

【鉴读】

对于这句话有两种理解。第一种，既然怀疑那个人，就不要任用他，否则会有危亡之患，如同刘邦任用韩信，而韩信几乎要谋反；另一种情况，如果已经任用了那个人，就不要怀疑他，否则其结果很可能是上下互相猜忌怀疑，互不信任，事业难成。

俗话说："用人不疑，疑人不用。"说的就是这个道理。

败莫败于多私。

【译文】

人生最容易导致失败的原因莫过于太过自私。

【注解】

注曰：赏不以功，罚不以罪，喜佞恶直，党亲远疏，小则结匹夫之怨，大则激天下之怒，此多私之所败也。

【鉴读】

人皆有私心：不按照功劳进行奖赏，不根据罪责施以责罚，是有私心的表现；喜欢谄媚的小人，厌恶正直的君子，是有私心的表现；对熟人偏袒，对不熟的人疏远，是有私心的表现……人有私心本是人之常情，但私心如果过重便会引起事端，危害小的话只是与个人结下仇怨，危害大的话便会惹来天下人的愤怒。由此一来，哪有不失败的道理。所以说，人生最易导致失败的原因之一便是私心过重了。

遵义章第五

【释题】

注曰：遵而行之者，义也。

【鉴读】

鱼与熊掌，不可兼得。就好比利与义的矛盾关系，从古至今一直影响着人们。是选择"见利忘义"还是"舍生取义"？无论做出怎样的选择，人们必然会有所牺牲，不过重要的是在选择的过程中要能够遵行道义。本章总结了人一生可能会面临的四十六种灾祸，这些灾祸在时下也是到处可见的。而如何避免这些灾祸殃及自身，如何将那些祸及自身、对社会不利的弊端消灭，唯一行之有效的方法就是"遵义"，即提升个人道德修养，顺应天道和人性，谨遵道义，做到施仁、行义，赏善、罚恶等。

以明示下者暗。

【译文】

直白或刻意地在下属面前显示自己的高明或权威的人是愚昧的。

【注解】

注曰：圣贤之道，内明外晦。惟不足于明者，以明示下，乃其所以暗也。

【鉴读】

无论是古时的君主还是今天的领导，都不能时刻在大臣和下属面前过分显露自己的权威,否则会让属下产生一种"这个君主(或领导)很傲慢"的感觉,时间长了,和属下的距离也就产生了。最终的结果轻则丧失团队凝聚力,重则危及国家统治根基。这无疑是一种愚昧的做法。所以说,身居高位的人要适当地韬光养晦,这样和下属之间不仅能和睦相处,而且在带领团队或治理国家时拥有主动权。

有过不知者蔽。

【译文】

自己有过失但又不自知的人是愚蔽的。

【注解】

注曰:圣人无过可知,贤人之过迷形而悟。有过不知,其愚蔽甚矣!

【鉴读】

人人都会犯错,所以应做到曾子所说的"吾日三省吾身",通过自我认知,及早发现自己的过失,及时改正,促使自己不断进步。相反,如果有过失而不自知,又不愿听取别人正确的意见,就是愚不可及之举了。

迷而不返者惑。

【译文】

沉湎于某物而不知道迷途即返的人是迷惑不明的。

【注解】

注曰:迷于酒者,不知其伐吾性也。迷于色者,不知其伐吾命也。迷于利者,不知其伐吾志也。人本无迷惑者,自迷之矣。

【鉴读】

俗话说"玩物丧志",沉湎于某一样东西,容易让人丧失意志。其实,这并不是物之错,俗话说"酒不醉人人自醉",起主导作用的还是自己的心。拥有一颗坚定的心,懂得"迷途知返"的人,才不会因物而受到迷惑,丧失自己的意志。

以言取怨者祸。

【译文】

因为言语而招致怨恨的人,必定会有灾祸相伴。

【注解】

注曰:行而言之,则机在我,而祸在人;言而不行,则机在人,而祸在我。

迷而不返者惑

【鉴读】

　　俗话说，"祸从口出"。无论是做事还是待人，都要三思而后言。在做事的时候，最忌讳满口大话，因为如果你满口大话，一旦事情没有做成功，人们就极有可能将这次失败的原因归咎于你，从而怨恨你。只有踏实做事，出言谨慎，真正做到"敏于事而慎于言"，才能把事情做好，远离灾祸。

令与心乖者废。

【译文】

　　行为与内心所想不一致，事情就会失败。

【注解】

　　注曰：心以出令，令以行心。

【鉴读】

　　商鞅变法时"徙木为信"，一方面是为了树立自己说到做到的威信，另一方面是为了让别人相信自己。言行一致，才有可能获得成功。作为领导，切忌心口不一，口是心非，这样不仅会使自己丧失威信，还会导致事情的失败。

后令谬前者毁。

商鞅徙木为信

【译文】

　　政令前后不一致,就会导致国家无信,民心丧失,政令本身会因此而自行废弃。

【注解】

　　注曰:号令不一,心无信而自毁弃矣。

【鉴读】

　　如果政令前后不一,那就会导致民众手足无措,不知该如何是好;政府工作人员也会因此而失去做事的标准和依据,进而让国家失信于民。国家没有信用,就得不到百姓的支持。久而久之,但凡有政令颁布,也会于无形之中逐渐废弃而不能得到有效的执行了。因此,制定法令,不能朝令夕改,要做到能够取信于民。

怒而无威者犯。

【译文】

　　发怒却没有慑服人的威力,这种人必定会遭到别人的触犯。

【注解】

　　注曰:文王不大声以色,四国畏之。故孔子曰:"不怒而民威于斧钺。"

襄苴威震三军

【鉴读】

　　作为领导者，在管理时的一个重要因素，就是"气场"，也就是要镇得住人。这种气场和威严不是发怒时才显现出来的，而是通过平常的公正处事显现出来的。因为别人信服你，所以即使不发怒，你的威严也能对他们产生影响，这就是"不怒自威"；相反，如果你经常因小事发怒，久而久之，也就丧失了威严和领导力。

好直辱人者殃。

【译文】

　　喜欢装作公正而去侮辱别人的人势必会遭殃。

【注解】

　　注曰：己欲沽直名，而置人于有过之地，取殃之道也。

【鉴读】

　　人际交往中，应秉承着互相尊敬的原则，不能用侮辱他人的手段来抬高自己。一个人做了公正的事，得到公正的名声，这是取之有道。妄图以踩低别人来衬托自己的正直，这是沽名钓誉。假借正义之名去侮辱别人，而达到抬高自己等不可告人的目的，这是不道德的行为。"敬人者，人敬之；辱人者，人怨之。"故意侮辱别人的人，势必会遭殃。

戮辱所任者危。

【译文】

对自己任用的人不加以善待,那么自己就会有危险。

【注解】

注曰:人之云亡,危亦随之。

【鉴读】

不好好对待自己所任用的人,对其惩罚过重,必然会引起对方的不满。一旦对方的情绪失去控制,就意味着彼此间逐渐失去信任,而危机也将频频发生。

慢其所敬者凶。

【译文】

对应当尊敬的人怠慢无礼,那么必定会招来不幸。

【注解】

注曰:以长幼而言则齿也,以朝廷而言则爵也,以贤愚而言则德也。三者皆可敬。而外敬则齿也,爵也;内敬则德也。

【鉴读】

应当尊敬的人有三种：第一，按照长幼顺序应尊敬兄长；第二，按照职位高低应尊敬上级；第三，根据贤德程度应尊敬德高望重的人。对应当尊敬的人怠慢无礼，显示出的是自己的浮躁与傲慢，就有可能因此与人结怨，不管从哪方面来说，对自身都十分不利。

貌合心离者孤。

【译文】

与人表面上很友好，实际上相背离，这样的人势必会陷入孤立的境地。

【注解】

无

【鉴读】

俗话说"一个好汉三个帮""兄弟同心，其利断金"，这些话都点出了团结的重要性。与人貌合神离，只会使自己孤立无援。

亲谗远忠者亡。

后主信谗诏班师

【译文】

亲近谄媚的小人,远离忠直的贤人,这样必定会灭亡。

【注解】

注曰:谗者善揣摩人主之意而中之,忠者惟逆人主之过而谏之,合意者多悦,逆意者多怒,此子胥杀而吴亡,屈原放而楚亡也。

【鉴读】

历代君王都深知"亲贤远佞"对于江山社稷的积极意义,但是为什么还是有那么多君王因亲信小人而失掉江山呢?因为小人善于献谗言、善于谄媚,也就是人们常说的"拍马屁"。而君王们多少都会有些虚荣心,都爱听好话,这就给了小人一个依靠拍马屁而官运亨通的机会,君王们却一步步走向了灭亡之路。世人皆需以此为鉴,谨记"良药苦口利于病,忠言逆耳利于行",与贤者结交,不听信谗言,远离小人。

近色远贤者昏。

【译文】

沉湎于美色而疏远贤臣的君主是糊涂昏庸的。

【注解】

无

周幽王烽火戏诸侯

【鉴读】

"红颜误国"这句话是很多贤明君王引以为戒的,这是因为昏庸糊涂的君王沉湎于美色而荒废朝政,且不听贤臣的劝谏,最终导致国势衰亡的事例数不胜数。如周幽王烽火戏诸侯,只为博美女褒姒一笑,这是何其荒谬啊!

女谒公行者乱。

【译文】

女子干预政事必定会祸乱朝廷。

【注解】

注曰:太平公主、韦庶人之祸是也。

【鉴读】

对于此句的解释,可举两个人的例子,一是太平公主,二是韦庶人。太平公主为武则天所生,她开府置官,把持朝政,在朝中建立自己的势力,当时的宰相多为她门下所出。唐玄宗即位后,她策划政变,最后因计谋外泄被杀。韦庶人为唐中宗的皇后,她任用其兄,专擅朝政,纵容女儿安乐公主买卖官位,后又毒死中宗,立重茂为殇帝,临朝称制。公元710年,李隆基发动宫廷政变,将她杀死宫中。

私人以官者浮。

【译文】

凭借官职来做私人交易的人是肤浅的,不能担当重任。

【注解】

注曰:浅浮者,不足以胜名器,如牛仙客为宰相之类是也。

【鉴读】

那些缺少才德的人谋取官位,只是想以权谋私,借此做一些对自己有利的事情,如唐代宰相牛仙客,便是利用职位之便,纵容亲信买官晋爵,谋求私利。这种人是很肤浅的,根本不足以担当大任,甚至还会影响国家大计。所以为政者一定要看到这一点,慎重用人,严正纲纪,避免这类肤浅贪婪的自私小人祸乱朝堂。

凌下取胜者侵。

【译文】

通过欺凌弱小来显示威名的人必定会受到侵犯。

【注解】

无

【鉴读】

人若是想证明自己的实力,应该向与自己实力相当或是实力更强的人挑战，这样才能发现自己的不足，明确自己的位置。欺负比自己弱小的人，并不能使自己对自己的能力有更清晰的认识，反而会使自己沉浸在骄傲自满的情绪中无法自拔，从而导致自我膨胀。这样一个不讲道义、自我膨胀的人定会到处惹事、仗势欺人。俗话说多行不义必自毙，通过欺凌弱小这种不义行为来显示自己威名的人，终会自食恶果。

名不胜实者耗。

【译文】

名声和实际能力不符合，这样必然会趋于耗竭。

【注解】

注曰：陆贽曰："名近于虚，于教为重；利近于实，于义为轻。"然则，实者所以致名，名者所以符实。名实相副，则不耗匮矣。

【鉴读】

盛名与才干应当是相互匹配的，如果一个人名不副实，最初众人可能会被他的虚名所迷惑，但是时间一长，大家就会发现他"盛名之下，其实难副"的本质，如此一来，他必然会遭到众人的嫌弃甚至鄙视，最终"赫赫虚名"也会随之消失。

略己而责人者不治。

【译文】

严责别人的错误却纵容自己犯错的人,是不可能治理好天下的。

【注解】

无

【鉴读】

孔子说过"宽则得众",一味苛责别人,同时又为自己的过失百般辩解的人,只会让自己的公信力逐渐丧失,无法领导别人,也无法获得成功。

自厚而薄人者弃。

【译文】

轻视别人,自以为是的人,一定会遭人遗弃。

【注解】

注曰:圣人常善救人而无弃人,常善救物而无弃物。自厚者,自满也。非仲尼所谓"躬自厚"之厚也。自厚而薄人则人才将弃废矣。

【鉴读】

圣人虽然常救人,但是却不会看不起被救的人;虽常救物,但是却不会看不起被救的物。一个人自视甚高,定是骄傲自满的情绪在作祟。俗话说"满招损,谦受益",一个自以为是,看不起别人的人,怎么会不被人嫌弃呢?

以过弃功者损。

【译文】

如果一个人抓住他人的过失不放,又忽略了他人所做的贡献,那么

宽恕能治

就会失去人心。

【注解】

无

【鉴读】

对一个人应该全面地评价,不能只看到他的优点,也不能只盯着他的缺点。一个好的领导,既要批评下属的缺点,又要肯定他的优点。因为一点小过失就否定别人的功劳,结果必然会逐渐失去人心,走向失败。

群下外异者沦。

【译文】

对于一个君王来说,如果下属都有异心,那么这个国家也会灭亡。

【注解】

注曰:指置失宜,群情隔塞,阿谀并进,私徇并行。人人异心,求不沦亡,不可得也。

【鉴读】

对于一个团队来说,不管是领导还是下属,都应该同心同德,齐心合力。领导要时刻注意将大家团结起来,同时又要懂得关心下属,这样才不会让下属生出异心,才能使方针政策得到有效的实施。

既用不任者疏。

【译文】

任用了别人却对他不信任,最终会使人心疏远。

【注解】

注曰:用贤不任,则失士心,此管仲所谓"害霸"也。

【鉴读】

管仲认为任用贤者却不信任他是有害于社稷的。既然任用了一个人,就要对其充分信任,不然就会使这个人逐渐对你失去信心,与你日渐疏远,同时也会消磨他的雄心壮志。正所谓,得人心者得天下,上位者切记要对下属施以足够的信任,这样才有利于成功。

行赏吝色者沮。

【译文】

当你在奖赏别人时,如果面带吝惜不舍的表情,那么接受奖赏的人就会感到很沮丧。

【注解】

注曰:色有靳吝,有功者沮,项羽之刓印是也。

刘邦奖赏功臣

【鉴读】

　　作为一个领导，要做到赏罚分明，该奖赏的要果断奖赏，不能犹豫不决、吝啬惋惜，若很爽快地奖赏下属，就能激起下属的工作热情，使之提高工作效率，其所产生的价值将超过奖品本身；相反，如果奖赏时面露勉强之色或是该奖赏的不奖赏，就会打击到下属的工作积极性，甚至会使其产生异心。

多许少与者怨。

【译文】

　　当答应给别人的东西少于许诺的数量时，便会招来怨恨。

【注解】

　　注曰：失其本望。

【鉴读】

　　一诺千金，答应给别人多少东西，就应该给多少，否则就会招致他人的怨恨。千金易得，人心难买，切记不要因小失大。

既迎而拒者乖。

【译文】

已经将别人迎进来了,心里却还想着怎么把他拒之于门外,这样做是背离常道的。

【注解】

注曰:刘璋迎刘备而反拒之是也。

【鉴读】

韩信原为项羽营中之人,因项羽不委以重任,遂投奔刘邦;刘备投靠刘璋,不得重用,遂弃之而去。有了人才,就要任用他,否则就会给自身带来很大损失,前面两个例子就是最好的证明。

薄施厚望者不报。

【译文】

希望得到很多东西,而自己所给予的东西却很少,这样做是不会得到回报的。

【注解】

注曰:"天地不仁,以万物为刍狗;圣人不仁,以百姓为刍狗。"覆之载之,含之育之,岂责其报也?

【鉴读】

有些人在稍微帮助一下别人之后，就期盼着别人会来重谢，这种想法是不对的。帮助别人不是撒下种子，可以期待有所收获。老子曰："上德不德，是以有德。"真正的贤德，是没有动机的，同样，真正的帮助是不以求回报为目的的。妄图以小恩小惠换取大回报的，自然不可能得到回报。

贵而忘贱者不久。

【译文】

一个人在富贵了之后就忘记了贫穷时自己的困境，这样的人是不会长久富贵的。

【注解】

注曰：道足于己者，贵贱不足以为荣辱，贵亦固有，贱亦固有，唯小人骤而处贵，则忘其贱。此所以不久也。

【鉴读】

俗话说"三十年河东，三十年河西"，人的荣辱富贵，都不是永久的，而是时运造就的。有些人在富贵之后，全然忘记了自己在贫穷时的困苦，反而招摇过市，翻脸不认人，这种小人得志的心态便注定了他们的富贵不能长久。

贵不能忘贱

念旧怨而弃新功者凶。

【译文】

对过去的仇怨念念不忘，并因为两人之间的嫌隙而否定他人的新功，这是不吉利的。

【注解】

注曰：切齿于睚眦之怨，眷眷于一饭之恩者，匹夫之量。有志于天下者，虽仇必用，以其才也；虽怨必录，以其功也。汉高祖侯雍齿，录功也；唐太宗相魏郑公，用才也。

【鉴读】

俗话说"宰相肚里能撑船"，一个有作为的人，首先要有气量和风度。如唐太宗李世民，能够任用曾经劝说当时的太子建成杀害自己的魏徵为宰相，从而使得唐朝欣欣向荣，成就了贞观之治。如果对个人的私仇不能释怀，处处打压与自己有嫌隙的人，并否定其所建新功，这种人是成不了大事的。

用人不得正者殆。

【译文】

如果任用的人不是正人君子，就会产生很大危害。

【注解】

无

【鉴读】

任用人的时候，要任用那些正直的人，那样才会使事情顺利完成，如果任用不正直或者奸佞的人，就会产生危害。

强用人者不畜。

【译文】

被强行委任的人，终会逃离。

【注解】

注曰：曹操强用关羽而终归刘备，此不畜也。

【鉴读】

人各有志，不能将自己的意愿强加于别人身上。如曹操勉强关羽为自己效命，关羽最终还是离去了。

为人择官者乱。

【译文】

如果心怀谋利之心为他人挑选官职，那么就会乱了朝纲。

关羽

【注解】

无

【鉴读】

官员便是国之栋梁,他们关系着国家的发展与百姓的利益,贤能的官员会为百姓着想,为国家的发展做出杰出的贡献。如果为了利益卖官鬻爵,那么官场便会鱼龙混杂,风气不正,国家自然也会因此而发生动乱。

失其所强者弱。

【译文】

任何事物如果丧失了自己得以强大的优势,那么它就会趋于衰弱。

【注解】

注曰:有以德强者,有以人强者,有以势强者,有以兵强者。尧舜有德而强,桀纣无德而弱;汤武得人而强,幽厉失人而弱;周得诸侯之势而强,失诸侯之势而弱;唐得府兵而强,失府兵而弱。其于人也,善为强,恶为弱;其于身也,性为强,情为弱。

【鉴读】

强大来自于不同的因素,无常强,无恒弱,强弱会因为格局而产生变化。如果能够守住自己得以强大的优势,那么想要长盛不衰也不是什么困难的事情；如果失去了这个优势，那么就会很快走向灭亡。这就如同古代王朝，往往都是因为开国的君主励精图治、施行仁政而走向盛世，又往往都是因为末代君主骄奢淫逸、施行暴政而走向末世。对于个人来说也是一样。善良会使人强，邪恶会使人弱；重理则强，重情则弱。因此，若想使自己强盛不衰，便要重视那些有益于自身强大的东西。否则，一旦强大的东西丧失了，也就意味着灭亡和衰弱即将到来。

决策于不仁者险。

【译文】

决策权在不仁不义之人的手中是十分危险的事情。

【注解】

注曰：不仁之人，幸灾乐祸。

【鉴读】

有仁爱之心的人，考虑事情时会更全面，因为这样的人都有恻隐之心，做出决策时会考虑到万物。而缺乏仁爱之心的人，他们以自我为中心，以谋取利益为目的，如果让他们来做决策，来决定事情的处理方法，就会产生很大危害。

阴计外泄者败。

【译文】

机密外泄会导致事情的失败。

【注解】

无

【鉴读】

机密外泄,就会导致自身处于一个被动的状态,因为别人已经对自己的一举一动了如指掌,这样就会形成一个敌暗我明的境地,最终导致事情的失败。

厚敛薄施者凋。

【译文】

向百姓付出得少却想要敛取很多的东西,那么国家财政必会空虚,国家也会走向衰落。

【注解】

注曰:凋,削也。《文中子》曰:"多敛之国,其财必削。"

【鉴读】

古语云:"穷天下者,天下仇之;危天下者,天下灾之。"横征暴

赋税尝先

敛往往是导致王朝走向灭亡的主要原因，多敛民财，重征赋税，索取多于给予，必然导致百姓的反感甚至反抗，那么国家离衰亡就不远了。

战士贫游士富者衰。

【译文】

如果作战的士兵穷困不堪，而游士们却十分富有，会不利于国家的战势。

【注解】

注曰：游士鼓其颊舌，惟幸烟尘之会；战士奋其死力，专捍疆场之虞。富彼贫此，兵势衰矣。

【鉴读】

游士靠三寸不烂之舌获得高官厚禄，战士靠血肉之躯，拼其性命保家卫国。但当天下大乱时，如果游士仅凭三寸之舌就获得荣华富贵，战士征战沙场却名微俸薄，那么就会使士气受损，势必会影响战势的发展。

货赂公行者昧。

【译文】

行贿受贿随处可见，必然会导致时局混乱。

游士鼓其颊舌

【注解】

注曰：私昧公，曲昧直也。

【鉴读】

行贿受贿乃不正之风，若国家为正气所导，那么行贿受贿等恶事定然无地自容，躲躲藏藏。一旦行贿受贿等恶事变得公开与自然，随处可见，那么便说明这个国家风气已然不正，社会已然混乱不堪。

闻善忽略，记过不忘者暴。

【译文】

那些听闻别人的善言善行却不放在心上，只喜欢一味追究别人过错的人，是凶恶残暴的人。

【注解】

注曰：暴则生怨。

【鉴读】

人都有优点，也有缺点，既不会样样得体也不会一无是处。我们在与人相处时，不能只记得别人的过失，而不在意别人做得好的地方。如果一个人喜欢抓住别人的过错不放，那么这个人就是一个残暴而且没有宽容心的人，这样的人定会惹来别人的怨恨。

所任不可信，所信不可任者浊。

训诲善恶

【译文】

不相信所任用的人,不任用所相信的人,这样势必会引发混乱。

【注解】

注曰:浊,溷也。

【鉴读】

用人最重要的就是信任。如果你信任一个人,那么就将事情交给他;如果你将事情交给一个人,那么就要信任他。一个不相信自己所任,不任用自己所信的领导,便是头脑不清楚的领导,这样做势必导致管理混乱。

牧人以德者集,绳人以刑者散。

【译文】

用仁德来感化并治理百姓,百姓就能团结在一起;一味地用刑罚来处置他们,人心就会溃散。

【注解】

注曰:刑者,原于道德之意而恕在其中,是以先王以刑辅德而非专用刑者也。故曰:"牧之以德则集,绳之以刑则散也。"

仁德治民

【鉴读】

　　刑罚的产生，虽然是为了制止犯罪行为的发生，但最初设立刑罚的初衷并不是一定要使用它。但凡有仁德的贤人，都是在不得已的情况下才动用刑罚，其最高境界是能以道德礼制来教化犯错误的人，而不仅仅是惩治罪犯。因此如果一味地依靠刑罚来治理百姓，只能起到威慑作用，却不能使百姓真正归服；而如果通过道德礼制来教化百姓，百姓就会有羞耻之心，就会真正归服，这样才能使百姓团结，江山稳固。

小功不赏，则大功不立；小怨不赦，则大怨必生。

【译文】

　　不能因为功劳轻微就不对其进行奖赏，如果不奖赏，那么他以后就不会建立大功劳了；如果不能宽恕小仇怨，就会引起大仇怨。

【注解】

　　无

【鉴读】

　　"小功不赏，则大功不立；小怨不赦，则大怨必生。"这句话体现的是量变与质变的关系。功劳也许很小，但不要忽视不管，不去进行赏赐。小赏赐没有得到满足，累积到一定的程度，就会引发不满，下属对上级失望，便不再愿意帮助他建立功业。冤仇也许很小，但是不要忽视不管，不去进行赦免。小的事情都不被原谅，累积起来，下属便会对上级产生意见，从而引发出大的仇恨。所以居于上位者一定要特别注意小的事情，小事若是处理好了，其所产生的效果往往比大事还好。

赏善罚恶

赏不服人，罚不甘心者叛。

【译文】

如果奖赏的时候不能服众，处罚的时候让人心怀不甘，那么众人终会叛离。

【注解】

注曰：人心不服，则叛也。

【鉴读】

奖赏惩罚应有准则，并做到公平公正。立多大的功，便拿多大的赏赐，则立功之人便不会心怀不满，众人也就心悦诚服。犯下多大的罪，便接受多大的惩罚，则犯罪之人便不会心怀怨恨，众人也就不会有所异议。这样一来，人心臣服，便不会有背叛的事情发生。

赏及无功，罚及无罪者酷。

【译文】

奖赏没有功劳的人，处罚无罪的人，这样的行为是残暴的。

【注解】

注曰：非所宜加者酷也。

【鉴读】

上一句是从程度上论述奖赏惩罚应有的准则，这一句则是从对象上论述奖赏惩罚应有的准则。奖赏和惩罚有其一定的原则和规律，如果违背了这些准则和规定，奖惩的对象颠倒，这样的做法就是所谓的"残酷"，那么就会发生叛乱。

听谗而美，闻谏而仇者亡。

【译文】

如果一个君主听到谗言就赞美谄媚的人，听到谏言就仇视进谏的人，那么他离灭亡就不远了。

【注解】

注曰：尤。

【鉴读】

居上位者应当广泛听取他人的建议，而建议之中最应该听取的是好的建议而不是好听的建议。古语云："忠言逆耳。"若是因为忠言不好听就不去听，并且对进忠言的人妄加迫害，那么这个上位者便只有自食恶果，自取灭亡一条道路了。

能有其有者安，贪人之有者残。

【译文】

拥有自己该拥有的东西的人，是安全无害的。贪求别人所拥有的东西的人，是凶残有危害的人。

【注解】

注曰：有吾之有，则心逸而身安。

直谏泽民

【鉴读】

追求自己应当拥有的东西的人，不去抢夺别人的财富，自然就不会惹来什么是非，那么他就能够过着心安理得的生活。如果心里有填不满的贪欲，贪图那些自己不该拥有的东西，那么这个人就会为了满足贪欲而不择手段，最终的结果便是祸及自身。

想无所想，勿有贪

安礼章第六

【释题】

注曰：安而履之为礼。

【鉴读】

孔子之所以要恢复礼制，就是因为当时他所处的时代过于动荡，人们的道德沦丧。好的社会环境能促使百姓以礼待人，而创造一个好的社会环境，就需要政体建全、君臣贤明以及政策法规的完善。

怨在不舍小过；患在不预定谋；福在积善；祸在积恶。

【译文】

怨恨的产生是因为对小过不能释怀，忧患的产生是因为没有进行谋划就做决定；幸福源于多多积善，祸害来自多行不义。

【注解】

注曰：善积则致于福，恶积则致于祸。无善无恶，则亦无祸福矣。

【鉴读】

在日常生活中，谁都会犯错误，但关键在于如何看待这些错误。有些人，一直着眼于别人的不足，对他人

张良为刘邦出谋划策

要求过高，时常会因为别人一些无碍的过失而对其百般挑剔，并且摆出一副自己永远是正确的姿态。这样做很容易造成人际关系紧张，不利于与他人的交往和合作。人际交往中，应"不计小过"，而非"不舍小过"。给他人一个自我弥补的机会，就能使双方相处融洽，彼此的合作也就更亲密无间了。

《孙子兵法》云："谋定而后动，知止而有得。"做事情，要有周详的谋划和安排，这样在实施时才能事半功倍。同样的，我们也要以"防微杜渐"的态度来对待隐患，因此就要设定一些防患于未然的安排和预案，这样才能在遇到紧急情况时不至于惊慌失措，才能化变故于无形。

中国古代对于善恶的概念有个共识，那就是"断恶修善"。灾祸和福寿是由于平常的点滴而积累起来的，俗话说"行善积德，福泽三代"，这不仅仅是因为个人做了好事，还在于这种行为能够感染周遭的人向善，当人向善的时候，灾祸就少了，就能得到更多的福寿。因此，为人处世，要时刻谨记"断恶修善"，为人造福，为己谋福。

饥在贱农；寒在惰织；安在得人；危在失士；富在迎来；贫在弃时。

【译文】

饥饿的根源在于不重视农耕，身上穿不暖的原因则是懒于织布；社会安定的方法是得到民心，国家危亡则是因为失去民心；致富的原因是懂得聚集财富，贫穷的原因是荒废了农时。

【注解】

注曰：唐尧之节俭，李悝之尽地利，越王勾践之十年生聚，汉之平准，皆所以迎来之术也。

【鉴读】

孟子曰："五亩之宅，树之以桑，五十者可以衣帛矣。鸡豚狗彘之畜，无失其时，七十者可以食肉矣。百亩之田，勿夺其时，数口之家可以无饥矣；谨庠序之教，申之以孝悌之义，颁白者不负戴于道路矣。七十者衣帛食肉，黎民不饥不寒，然而不王者，未之有也。"可见重视农耕、不违农时的重要性。只有仓廪充实，满足了百姓的物质生活需要，才能更进一步向百姓"申之以孝悌之义"，也就是教化百姓的德行。只有百姓有德，才能使社会安定，执政者才能得到民心。得民心者得天下。正因为明白这个道理，那些贤明的执政者才会不遗余力地调动一切积极因素来聚集财富、增强国力。

君主视察农耕

上无常躁，下无疑心。

【译文】

做君主的不常常浮躁不安，做臣子的便不会多生疑心，妄加猜疑。

【注解】

注曰：躁动无常，喜怒不节；群情猜疑，莫能自安。

【鉴读】

古语云：伴君如伴虎。这是因为如果君王喜怒无常，臣子就随时有性命之忧。一个君主，如果没有一个稳定的性情，或者因为急功近利而频繁地对政令做出变动。这样就会使臣下感觉到无所适从，甚至会对君主产生怀疑，从此时刻提防，以防飞来横祸，而国家也会因此发生混乱。

轻上生罪，侮下无亲。

【译文】

臣子对君主傲慢轻视就会因此获罪，君主侮辱臣下就会使自己缺少可以亲近的人。

【注解】

注曰：轻上无礼，侮下无恩。

【鉴读】

为人处世要守礼。下级对上级要尊敬，下级若是对上级怠慢轻视，便是无礼，无礼的人很容易因此而获罪。上级对下级要尊

君为臣纲

重，随意侮辱自己的属下，只会让下属疏远自己，最终导致自己孤立无援，没有一个可以亲近的人。

近臣不重，远臣轻之。

【译文】

如果君主的近臣得不到重用，那么那些诸侯就会看轻这个君主，甚至冒犯他。

【注解】

注曰：淮南王言去平津侯如发蒙耳。

【鉴读】

如果君主对近臣都不能予以信任和重用，那么地方上的官员和诸侯就会心生怠慢之意，这样一来，君主颁布的法令在地方上的施行就会受到阻碍。这是因为，身为近臣都得不到重用，就更不用说那些诸侯了。相反，如果君主都像齐桓公重用管仲、刘备重用诸葛亮一样，那么地方官员就会对君主有所忌惮，就能更好地实施君主所立的法令。

自疑不信人；自信不疑人。

【译文】

怀疑自己的人就不会相信别人；信任自己的人就不会怀疑别人。

【注解】

注曰：暗也。明也。

【鉴读】

做人要有自信，有自信的人相信自己的能力，因此不会疑神疑鬼，认为别人的窃窃私语都是在说自己的坏话。有自信的人相信自己的判断，因此不会随意怀疑别人的动机。但是没有自信的人就不一样了，他连自己都不相信了，又怎么会相信其他人呢？

枉士无正友；曲上无直下。

【译文】

一个人若是不正直，那么他的朋友肯定也不会正直。一个君主若是不正直，那么他的臣下也会如此。

【注解】

注曰：李逢吉之友，则八关十六子之徒是也；元帝之臣则弘恭、石显是也。

【鉴读】

俗话说："物以类聚，人以群分。"什么样的人就交什么样的朋友。唐朝李逢吉为人阴险狡诈，他的朋友号称"八关十六子"，同样也

上有所好，下有所效

都不是正直的人。上有所好，下有所效。如果君主不正直，只想满足自己的私欲，那么他的臣下就会为满足君主的喜好而到处狐假虎威，甚至为非作歹，最终使政治混乱。比如宋徽宗喜好蹴鞠，于是就有了高俅以蹴鞠迎合宋徽宗，后飞黄腾达，恃宠营私，最终导致了"靖康之耻"。

危国无贤人；乱政无善人。

【译文】

国家发生危机，是因为没有贤人执掌朝政；政局混乱，是因为没有善人来参与政治。

【注解】

注曰：非无贤人善人，不能用故也。

【鉴读】

政治混乱，朝纲涣散，国家危亡，在这样的时刻，并不是真的没有贤人善士，而是因为把持朝政的当局者不重用这些贤人善士，导致贤人善士不能为国出力。在政治混乱的时期，奸邪当道，有德行的人不得不归隐。比如政治混乱的两晋时期，志士仁人只好归隐山林，例如竹林七贤。"苟全性命于乱世，不求闻达于诸侯"，诸葛亮的这句话，道出了乱世贤人的心态。

爱人深者求贤急，乐得贤者养人厚。

【译文】

爱惜人才的人必定会求贤若渴，对贤士的到来感到高兴的人必定会优厚地对待贤士。

【注解】

注曰：人不能自爱，待贤而爱之；人不能自养，待贤而养之。

【鉴读】

周公吐哺，只为能够求得贤士，这种对待贤士的态度，是因为他求贤若渴，是因为他明白振兴周室需要人才。那些有志于天下的君主，不仅求贤若渴，而且能礼待贤士。因为他们知道只有这样，才能让贤士辅佐自己，发展事业。

爱人深者求贤才

国将霸者士皆归；邦将亡者贤先避。

【译文】

如果一个诸侯国有称霸的实力，那么天下有识之士就会争先恐后地赶来协助。如果一个国家将要灭亡，那么贤士就会首先出走他方。

【注解】

注曰：赵杀鸣犊，故夫子临河而返。若微子去商，仲尼去鲁是也。

【鉴读】

贤士能人擅长审时度势，如果一个国家有称霸的实力，他们就会争

仲尼去鲁

先恐后地赶来协助。相反，如果一个国家将要灭亡，那么他们就会率先隐居起来。就好比微子去商，因为他已经预见商朝将要灭亡，所以离去了。从人才的流动情况可以窥见一个国家的兴亡，人才需要一个发挥自己才干的舞台，有了这个舞台，他们才能尽情发挥自己的作用。

子曰："危邦不入，乱邦不居。天下有道则见，无道则隐。"这句话表现了孔子在乱世之中的态度。所以他在前往晋国的路上，听闻赵简子杀了贤士鸣犊之后，就取消了前往晋国的计划。

地薄者大物不产，水浅者大鱼不游，树秃者大禽不栖，林疏者大兽不居。

【译文】

土地贫瘠，就不会生长出粗壮的农作物；水不深，大鱼就不会游到这里；大树光秃秃，就不会有大飞禽在这里栖息；树林里树木稀疏，就不会有大野兽在这里出没。

【注解】

注曰：此四者，以明人之浅，则无道德；国之浅，则无忠贤也。

【鉴读】

"良禽择木而息"，万物的生长与其所处的环境有关。同样的道理，人才也会选择自己的"栖息之地"。如果当权者无德，没有振兴国家的智慧与品德，那么贤才就不会前来辅佐。只有一个稳定的社会环境，一个有雄才伟略的明君，才能吸引大批人才前来相助。

山峭者崩；泽满者溢。

【译文】

山势过高就会崩塌，聚水的洼地水过满就会溢出。

【注解】

注曰：此二者，明过高、过满之戒也。

【鉴读】

《史记·滑稽列传》中说："酒极则乱，乐极则悲，万事尽然，言不可极，极之而衰。"所以说，为人处世要注意分寸，拿捏好尺度，切不可做得太满、太过。超过一定限度，则会走向反面。

弃玉取石者盲，羊质虎皮者辱。

【译文】

把玉丢弃而去捡石头的人，就像瞎了眼睛一样。本质如羊却披着虎皮的人，看似镇定，其实内心胆怯又无能。

【注解】

注曰：有目与无目同，表无里与无表同。

【鉴读】

　　为人做事要分清主次，切不可本末倒置，做出同买椟还珠一样的事情来。同时，也不可太过看重外表，忽略掉事物的本质。羊即使披上狼皮也不是狼，只是徒有其表罢了，一旦被别人识破，就会立刻被打回原形。

衣不举领者倒；走不视地者颠。

蔺相如主次分明

【译文】

　　拿衣服的时候如果不提着衣领，那么衣服就会被拿倒；走路的时候如果不看着地面，势必会跌倒。

【注解】

　　注曰：当上而下，当下而上。

【鉴读】

　　处理事情要抓住要点，这样才能使事情变得清晰明了。若是抓不住要点，便如同提衣服不提领子，衣服会被拿倒一样。决断事情要看清形势，这样才能做出正确的判断。若是看不清形势，便如同走路不看路，身体会跌倒一样。

柱弱者屋坏；辅弱者国倾。

【译文】

房屋的柱子支撑力不够，房屋就要倒塌；辅助君主治理国家的大臣能力不够，国家就会有危险。

【注解】

注曰：才不胜任谓之弱。

【鉴读】

大臣是国之栋梁，如果大臣软弱无能，那么国家就会有危险。当初伍子胥辅佐吴王夫差，使吴国可以称霸，而伍子胥一死，吴国就不复强盛，甚至被越国所灭。由此可见，有能力卓越的良臣辅佐，国家就能强盛。而如果大臣能力不足，国家又怎么能够兴盛呢？

伍子胥

足寒伤心，人怨伤国。

【译文】

脚底的寒气能够伤及心脏，百姓的怨气会伤及国家。

【注解】

注曰：夫冲和之气，生于足而流于四肢，而心为之君，气和则天君乐，气乖则天君伤矣。

【鉴读】

百姓是国家的基础，是统治者维持统治的根本。水能载舟亦能覆舟，百姓安居乐业，统治者便可以稳居高位；百姓苦不堪言，统治者便只能跌倒下台。这就像是脚上一旦染了寒气，就会伤及心脏一样。百姓若是有了怨气，就会影响到国家的发展。

山将崩者下先隳；国将衰者人先弊。

【译文】

山将要崩塌之前，山腰的泥土早已率先掉落；国家将要灭亡之前，百姓早已困顿疲乏。

【注解】

注曰：自古及今，生齿富庶，人民康乐，而国衰者，未之有也。

【鉴读】

事物的发展不是没有预兆的，就像山之所以会崩塌，定是山腰的泥土早已缺失一样，百姓生活困苦衰败便是国家衰亡的先兆。百姓是国家的基础,百姓生活困苦便会动摇国家根基,因此国家就会衰亡。从古到今,从未出现过百姓安居乐业、幸福和睦而国家衰亡的事情。因此,统治者一定要善待百姓。

根枯枝朽,人困国残。

【译文】

大树的根茎腐烂,树枝就会干枯;百姓生活困苦,国家就会衰败。

【注解】

注曰:长城之役兴而秦残;汴渠之役兴而隋残。

视察民情

【鉴读】

树根若是腐烂了,树枝就会干枯。国家也是如此。孟子曰:"民为贵,社稷次之,君为轻。"百姓是国家的根基,如果百姓生活困苦,朝不保夕,那么国家就会因此而倾覆。然而,却有许多君主分不清国家社稷的主次,为了满足自己的享乐欲望,不惜劳民伤财,比如隋炀帝杨广,比如秦二世胡亥。他们都无视百姓疾苦，只顾满足自己的私欲，使得民不聊生，最终导致百姓起义，王朝崩塌。

与覆车同轨者倾，与亡国同事者灭。

【译文】

沿着那些翻过车的车辙来驾车，那么车必然会翻倒；按照已灭亡国家的治理办法来管理国家，国家同样会覆灭。

【注解】

注曰：汉武欲为秦皇之事，几至于倾，而能有终者，末年哀痛自悔也。桀纣以女色而亡，而幽王之褒姒同之。汉以阉宦亡，而唐之中尉同之。

【鉴读】

唐太宗李世民曾说过"以史为鉴，可以明得失"，铭记历史教训，才能避免重蹈覆辙。汉武帝曾经也想和秦始皇一样去寻访仙丹，以求长生不死，因此差点儿导致汉朝遭殃；明熹宗不以汉末宦官专权为戒，重用魏忠贤，使得宦官专权，最终导致明朝覆灭。

见已生者慎将生；恶其迹者须避之。

【译文】

看到已经发生的事情,就要谨慎对待将要发生的事情;厌恶前人已经出现过的行为,就要避免重蹈覆辙。

【注解】

注曰:已生者,见而去之也。将生者,慎而弭之也。恶其迹者,急履而恶路,不若废履而无行,妄动而恶知,不若缁心而无动。

【鉴读】

古语云:"防患于未然。"看到以前已经发生的不幸,就要谨慎小心,避免还会发生不幸,争取将不幸的萌芽扼杀在摇篮中。同样的,那些别人做过的恶行,要坚决不去效仿,以免自己重蹈覆辙,自食恶果。

唐太宗从谏如流

畏危者安,畏亡者存。

【译文】

畏惧危险的人才会得到平安,畏惧灭亡的人才能生存下去。

【注解】

无

【鉴读】

　　有危机感的人，才会时时刻刻让自己保持警惕，这样在危险的时候他才能平安无事；对灭亡有恐惧感的人，就会时刻提防，不让自己走向灭亡。

夫人之所行，有道则吉，无道则凶。吉者百福所归；凶者百祸所攻。非其神圣，自然所钟。

【译文】

　　人的行为，符合大道就会吉祥，不符合大道就会凶险。吉祥的人，福气就会跟着他；凶险的人，祸害就会向他袭来。这不是什么神奇的事情，只是自然之理罢了。

【注解】

　　注曰：有道者，非以求福，而福自归之。无道者，畏祸愈甚，而祸愈归之。岂有神圣为之主宰，乃自然之理也。

【鉴读】

　　人的行为，如果符合大道，那么不用祈求，福气也会伴随他，他定会福寿长存，泽被后世，从而远离灾祸。反之，如果行事不符合道义，那么就会"多行不义必自毙"。

务善策者无恶事；无远虑者有近忧。

【译文】

　　致力于完善策略的人，就不会有恶事缠身；不做长远打算的人，就会有即将到来的忧患。

【注解】

　　无

【鉴读】

　　善于谋划的人，能在处理事情时占据主动，即便时运不济，也能谋求自保，不会让自己遇上灾祸。因此，人生在世，不能只顾眼前，要致力于为自己的将来做打算，这样才不会在遇到困难时束手无策。俗话说"人无远虑必有近忧"，一个人若是没有做长久的打算，就会因为眼前的忧患而一筹莫展。

孙策善谋取庐江

同志相得。

【译文】

　　两个人如果有相同的志向，就

能互相促进。

【注解】

注曰：舜有八元八恺，汤则伊尹，孔子则颜回是也。

【鉴读】

志向相同的人，有共同的目标，所以在前进的道路上，可以互相帮助，互相促进。就像舜与"八元""八恺"、商汤与伊尹、孔子与颜回一样。

同仁相忧。

【译文】

志趣相同，一起共事的人，双方会相互分忧。

【注解】

文王之闳、散，微子之父师、少师，周旦之召公，管仲之鲍叔也。

【鉴读】

两个人如若有相同的志向，就能彼此鼓励，彼此完善；两个具有仁爱之心的人，就会时时关心对方，为其分忧。春秋时，鲍叔牙和管仲之间有深厚的友谊，二人共同进步，互相为对方排忧解难。鲍叔牙更是将管仲引荐给齐桓公，管仲为相后他也没有嫉妒之心，这才使齐国称霸于诸侯。孔子说"君子之交淡如水"，真正的友谊，是相互信任的，而且在对方需要分忧的时候会倾力相助。无怪乎会有"人生得一知己足矣"的慨叹。

同恶相党。

【译文】

一同作恶的人，会互相勾结成为朋党。

【注解】

注曰：商纣之臣亿万，盗跖之徒九千是也。

【鉴读】

拥有同样不好品质的人会聚集在一起，形成一个团伙。商纣王暴虐无道，他的身边便聚集了一群助他为虐的恶人，可见恶人会勾结在一起形成朋党。

同爱相求。

【译文】

有相同爱好的人会聚在一起，共同寻求其所好。

【注解】

注曰：爱财，则聚敛之士求之。爱武，则谈兵之士求之。爱勇，则乐伤之士求之。爱仙，则方术之士求之。爱符瑞，则矫诬之士求之。凡有爱者，皆情之偏，性之蔽也。

【鉴读】

拥有相同癖好的人会聚在一起。晋惠帝爱财，手底下便聚拢了一批贪官污吏；燕王好贤，手底下就有一群贤士。

同美相妒。

【译文】

美貌程度相同或地位相当的人会互相妒忌。

【注解】

注曰：女则武后、韦庶人、萧良娣是也。男则赵高、李斯是也。

【鉴读】

彼此嫉妒的人，女子中有武后、韦庶人、萧良娣等，男子中有赵高与李斯等。

同智相谋。

【译文】

智慧相当的人会互相算计。

【注解】

注曰：刘备、曹操，翟让、李密是也。

【鉴读】

正所谓一山不容二虎，一个地方不能同时存在两个强者。强者相争，若是智谋相当，便要互相算计，争个高下。刘备与曹操，翟让与李密皆是棋逢对手，他们不拼个你死我活誓不罢休。

武则天

同贵相害。

【译文】

地位同样尊贵的人会互相排挤、倾轧。

【注解】

注曰：势相轧也。

【鉴读】

司马迁在写《张耳陈馀列传》时曾发出过一番感慨。张耳、陈馀起初在贫贱的时候,彼此相互信任,生死与共。等到他们各自据有地盘、争权夺利的时候,竟是相互残害,誓要消灭对方。为什么他们以前是那样相互敬仰、以诚相待,到后来却又互相背离,各自表现得那样暴戾乖张呢?他们难道不是为了权势和利益才这样吗?

权力的确是人性的腐蚀剂。在官场上,权势相当的双方,往往会彼此中伤、互相倾轧,甚至恨不得置对方于死地。这是多么可怕啊!

同智相谋

同利相忌。

【译文】

想要获得同一种利益的人,会相互憎恨。

【注解】

注曰:害相刑也。

【鉴读】

想要追求的利益相同，这样的人便是竞争对手。俗话说，利欲熏心，各人为了自己的利益往往会心生憎恨而不择手段，最后争得头破血流。

同声相应，同气相感。

【译文】

声音相同就会互相应和，气息相同就会互相感应。

【注解】

注曰：五行、五气、五声散于万物，自然相感应也。

【鉴读】

古人根据自然界的声音元素，创造了宫、商、角、徵、羽这"五音"。古人发明音调的时候，就发现了具有相同属性的声音很容易相互应和，可以结合形成优美的旋律。同理，彼此有着共同语言、共同趣味的人，他们之间的沟通会更加顺畅，否则"话不投机半句多"。自然界中如"同声相应，同气相感"这样的规律对做人、为政而言，显得尤为重要。

同类相依。

【译文】

世间万物，同一类属的会相互依存。

【注解】

无

【鉴读】

俗话说："老乡见老乡，两眼泪汪汪。"见到来自同一个地方的人，会使人产生一种归属感，彼此间倍感亲切。同类的人也一样，他们会互相依靠着生存，正是因为拥有同样的归属感。

同义相亲。

【译文】

义理一致的人会相互亲近。

【注解】

无

【鉴读】

这里的义指的是思想和行为的标准，一个人若是遇见与自己在信仰方面或者思维方面一致的人，会产生同盟感，因而会互相亲近。

同难相济。

【译文】

遭遇同样困难的人会相互援助。

【注解】

注曰：六国合纵而拒秦，诸葛通吴以敌魏，非有仁义存焉，特同难耳。

【鉴读】

齐、楚、燕、韩、赵、魏六国建立合纵联盟共同抗秦，并不是因为仁义的关系，而是因为他们处于同样的危难之中。处于同一危难之中的人，不论国家、阶级、立场是否相同，都会同舟共济，以求共同渡过难关。

同道相成。

【译文】

志向和思想一致的人，会相互理解，相互成全。

【注解】

注曰：汉承秦后，海内凋弊，萧何以清静涵养之。何将亡，念诸将俱喜功好动，不足以知治道。时曹参在齐，尝治盖公、黄老之术，不务生事，故引参以代相。

【鉴读】

"道"，可以理解为志向和思想。同道相成，就是指有同一个理想或想法相同的个体与个体会联合在一起，相互扶持，相互援助，以求更容易达到目标，互相成全。

同艺相规。

六国攻秦

【译文】

拥有相同技艺的人会相互非难对方。

【注解】

注曰：李醯之贼扁鹊，逢蒙之恶后羿是也。规者，非之也。

【鉴读】

俗话说，同行是冤家。拥有同一种手艺的人，彼此会产生敌意。上古时代，后羿善于射箭，逢蒙学到他的技艺之后就将他杀死了；秦国太医令李醯本身医术不怎么高明，因此对医术高超的扁鹊产生了嫉恨，在扁鹊到秦国行医时，竟派人杀死了扁鹊。

同巧相胜。

【译文】

拥有相同技巧的人彼此会互相攻守。

【注解】

注曰:公输子九攻,墨子九拒是也。

一代贤相萧何

【鉴读】

春秋战国时,公输子(即鲁班)发明了九种新式攻城武器,墨子则想出九种守城的方法,克制了公输子的进攻。自古文人相轻、武夫相讥,才能相当的人总是难以相容,互相攻击。

此乃数之所得,不可与理违。

【译文】

以上从"同志相得"到"同巧相胜"共有十五条,这些是依照天地万物发展变化的规律得出来的,是不可以违背的自然真理。

【注解】

注曰：自"同志"下皆所行所可预知。智者知其如此，顺理则行之，逆理则违之。

【鉴读】

以上十五条皆是对客观规律的总结。规律是客观的，它的存在和发展不以人的意志为转移。

规律是客观的，但并不表示人们在规律面前就无能为力。有识之士会认识并利用规律，预见事物发展的趋势和方向，以此指导实践活动，改造客观世界。

释己而教人者逆；正己而化人者顺。

【译文】

自己行为放纵，却还要教训别人，这么做不合事理；端正自己的行为，然后教化别人，这才顺应事理。

【注解】

注曰：教者以言，化者以道。老子曰："法令滋彰，盗贼多有。"教之逆者也。"我无为而民自化，我无欲而民自朴。"化之顺者也。

【鉴读】

老子曾说："法令滋彰，盗贼多有。"一个国家的法令制度越是苛刻繁多，该国的强盗和小偷也就越多。盗贼猖獗，国家的君主不反省自身的品行是否端正，反而以严酷的法律教育百姓，这是违背事理的。老子还说："我无为而民自化，我无欲而民自朴。"这是顺应天道，以德治人的做法。统治者端正自己的行为，而后用道德感化百姓，则民风正，这样，富国安民的政治境界也能不求而至。

正己而化人者顺

逆者难从；顺者易行。难从则乱；易行则理。

【译文】

政令如果违背事理，就会变得难以实施；如果符合事理，就会很容易施行。政令难以实施，天下就会动乱不安；容易施行，天下则会安定太平。

【注解】

注曰：天地之道，简易而已；圣人之道，简易而已。顺日月而昼夜之，顺阴阳而生杀之，顺山川而高下之，此天地之简易也。顺夷狄而外之，顺中国而内之，顺君子而爵之，顺小人而役之，顺善恶而赏罚之，顺九土之宜而赋敛之，顺人伦而序之，此圣人之简易也。

夫乌获非不力也，执牛之尾而使之欲行，则终日不能步寻丈，及

仁政惠民

以环桑之枝贯其鼻，三尺之绚丝系其颈，童子服之，风于大泽，无所不至者，盖其势顺也。

【鉴读】

若想政令容易实施，便要遵循天道，顺应民意，这样的政令才能保证国家稳定发展、人民富裕安康。居于最高位的一国之君，是权力的绝对掌控者。君主倘若把天下看成是自己的天下，将百姓当作自家的奴仆，那么他必将滥用手中的大权，肆意妄为，苛虐臣民，对历史和现实的经验教训全然不顾，逆天而行。这样势必会引起民众的反抗，暴虐的君主最终会被赶下台。而君主若爱民、亲民，百姓自然会拥戴他，政策实施起来也会很顺畅。所以明君都懂得顺应民意、顺应天道的重要性。古代的大力士乌获力大无比，拉着牛尾让牛倒走，结果半天都拉不开一丈远。可是一个小孩用圆环穿在牛的鼻子上，只需用三尺长的绳子就可牵着牛鼻子走，非常轻松。小孩牵牛鼻子比起大力士拽牛尾巴，就好比一个顺风而行，一个逆水行舟。其中的道理很简单，因势利导，自然势如破竹；违背事物发展的形势，必然遭遇阻碍。

如此，理身、理家、理国，可也。

【译文】

如果能遵照这些原则，那么无论修身养性还是管理家庭、治理国家，都可以做得很好。

【注解】

注曰：小大不同，其理则一。

【鉴读】

本书所讲的这些道理，可谓无所不包。不论是个人的修养，还是处理家庭关系、治理国家，都能在其中找到最佳的答案。只要细加体会，身体力行，凡事没有不成功的。

修身养性

图文资讯 — 开阔拓展书籍内容,拓宽阅读视野。

拓展视频 — 观看在线视频,激发阅读兴趣。

趣味测评 — 获取测评阅读建议,测评阅读习惯。

阅读分享 — 碰撞分享阅读心得,碰撞思维火花。

扫码进入 线上阅读空间

ONLINE READING SPACE

让知识照耀人生